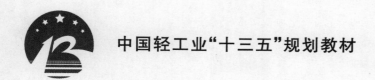

中国轻工业"十三五"规划教材

冲压工艺及模具设计

主　编　赵雪妮　任　威
编　者　赵雪妮　任　威

西北工业大学出版社

西　安

图书在版编目(CIP)数据

冲压工艺及模具设计 / 赵雪妮,任威主编. — 西安:
西北工业大学出版社,2022.2
ISBN 978-7-5612-6994-7

Ⅰ. ①冲… Ⅱ. ①赵… ②任… Ⅲ. ①冲压-工艺-
高等学校-教材 ②冲模-设计-高等学校-教材 Ⅳ.
①TG38

中国版本图书馆 CIP 数据核字(2022)第 034421 号

CHONGYA GONGYI JI MUJU SHEJI
冲 压 工 艺 及 模 具 设 计

责任编辑:胡莉巾		策划编辑:李　萌	
责任校对:王玉玲		装帧设计:李　飞	
出版发行:西北工业大学出版社			
通信地址:西安市友谊西路 127 号		邮编:710072	
电　话:(029)88491757,88493844			
网　址:www.nwpup.com			
印 刷 者:兴平市博文印务有限公司			
开　本:787 mm×1 092 mm		1/16	
印　张:13.625			
字　数:358 千字			
版　次:2022 年 2 月第 1 版		2022 年 2 月第 1 次印刷	
定　价:48.00 元			

如有印装问题请与出版社联系调换

前　言

　　《冲压工艺及模具设计》教材结合高等学校材料成型及控制工程专业的实际情况，根据材料成型及控制工程专业的培养标准、培养方案，打破传统基于知识系统性的学科型课程体系，以模具设计案例教学为导向，涉及冲压技术的理论、设备、工艺、模具等诸多方面内容。理论介绍中对部分深奥、冗长的理论知识进行精简，避免纯理论、公式、规律等内容的简单堆砌，注重知识的实用性，以培养学生的学习兴趣，提高学习效率。通过典型案例自然引入成形理论、成形工艺、模具设计、工作原理等知识体系，以直观的图表、照片、二维设计图、三维模型来展示模具结构、工作原理等。本教材主要章节通过任务环节的训练，使学生熟练掌握冲压工艺计算和模具结构设计的基本知识、内容及步骤，提升综合运用专业知识进行模具设计的能力。同时，主要章节后的讨论与大作业可以使学生将所学知识融会贯通，掌握学习中的重点、难点问题，提高学以致用的能力。

　　模具是机械、电子、轻工等行业生产的重要工艺设备。现代工业的发展和技术水平的提高，很大程度上取决于模具工业的发展水平。模具的使用寿命、尺寸精度等对于制件的质量有着很大的影响，模具设计及制造技术常常代表了一个国家工业制造的发展水平。冲压模具是模具的重要组成部分之一，在汽车、机械、轻工、家电、军事及航空航天等领域有着广泛的应用。《冲压工艺及模具设计》教材使学生掌握冲压成形基础理论、成形工艺制定与模具设计的基本方法，同时使学生具备熟练制定基本冲压成形工艺和进行模具设计的能力，对促进我国本科教学质量的提高和专业化教育的发展进步，有着重要的推动作用和现实意义。

　　本教材在编写时注重系统性及实用性，在文字上深入浅出，采用大量的图例直观、清晰地表述内容，重视理论与实践的有机结合，适合作为高等学校材料成型及控制工程、机械设计制造及其自动化本科专业的教材，也适合相关技术人员的自学和培训使用。

　　本教材共有 7 章，除了引论外，分别阐述冲压成形基础、冲裁工艺及模具设计、弯曲工艺及模具设计、拉深工艺及模具设计、其他冲压成形工艺以及冲压工艺规程的制定等内容。其中，赵雪妮负责编写第 1~4 章内容；任威负责编写第 5~7 章内容。全书由赵雪妮、任威统稿。

　　在编写过程中，参阅了相关教材与著作，在此特向这些文献的作者致谢。

　　由于水平有限，教材中难免存在疏漏之处，敬请各位读者批评、指正。

编　者

2020 年 10 月

目 录

第1章 引　论

1.1　冲压技术概述

冲压加工是一种塑性加工方法，是在室温下利用安装在压力机上的模具对材料施加压力使其产生变形或分离，从而获得具有一定形状、尺寸精度和性能的制件的加工方法。冲压弯曲变形图如图1-1所示。冲压加工对象为金属板料（或带料）、薄壁管、薄型材等，一般不考虑板厚方向的变形，因此也称之为板料冲压。在整个生产过程中，冲压必须具备两个硬件条件才能完成生产，即冲压设备和冲压模具。

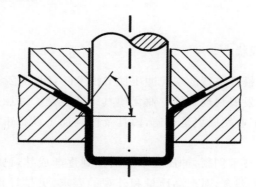

图1-1　冲压弯曲变形图

与其他加工方法相比，冲压工艺具有如下特点：

1）冲压可以制造其他加工方法所难以加工或无法加工的形状复杂的制件。例如，从仪器仪表等小型零件到汽车覆盖件、纵梁等大型零件，均可由冲压加工完成。

2）冲压所用原材料多是表面质量好的板料或带料，冲压件的尺寸精度由冲模来保证，所以产品尺寸稳定，互换性好。

3）冲压可以加工壁薄、重量轻、形状复杂、强度高、刚性好和表面粗糙度小的制件。

4）冲压生产靠压力机和模具完成加工过程，可以实现自动化，且生产率高，操作简便，易于机械化与自动化，对工人的技术等级要求也不高。用普通压力机每分钟可生产几件到几十件冲压件，用高速压力机每分钟可生产数百件甚至上千件冲压件。

5）材料利用率高，一般为70%～85%。冲压加工不像切削加工那样需要大量切除材料，因而节省能源和原材料。

6）冲压必须有相应的冲模，但是模具制造周期长，制造成本高，故不适于单件小批量生产。

7）冲压生产多采用机械压力机，由于滑块往复运动快，手工操作时劳动强度较大，易发生事故,故必须特别重视安全生产、安全管理以及采取必要的安全技术措施。

8)冷冲模设计对于模具的设计者和制造者在理论、经验、创造力方面的要求都很高。

综上所述,冲压与其他加工方法相比,具有显著优点,在汽车、电器、电子、仪表、国防、航空航天等行业中应用广泛,在现代工业生产中占有重要的地位。据不完全统计,冲压件在汽车行业中约占 60%,在电子工业中约占 85%,在日用五金产品中甚至占到约 90%。另外,一辆新型轿车投产需配套 2 000 副以上各类专用模具,一台冰箱投产需配套 350 副以上各类专用模具,一台洗衣机投产需配套 200 副以上各类专用模具。由此可见,一个国家模具工业发展的水平能反映出这个国家现代化、工业化发展的程度,对于一个地区来说也是如此。在我国,近年来锻压机床的增长速度已超过了金属切削机床的增长速度,板带材的需求也逐年增长。据专家预测,今后各种机器零件中粗加工有 75%、精加工有 50%以上要采用压力加工,其中冲压占有相当高的比例。

1.2 冲压技术的现状与发展趋势

1.2.1 冲压技术的现状

利用冲压设备和冲压模具进行的现代冲压加工技术已有两百多年的发展历史。冲压技术从最初的作坊式生产已经发展到现在的专业化模具工业生产。冲压技术的运用,模具是关键环节。近年来,我国模具工业发展更是迅速,模具及模具加工设备市场需求潜力巨大,发展前景广阔。

随着科技进步和企业技术创新,冲压技术从面世到逐渐成熟,已经获得了广泛的应用,冲压件产品的品种、数量越来越多,对产品质量和外观的要求,更是日趋严格。为了适应这种变化,模具制造行业也必须紧跟时代的步伐,全方位、多角度地投入到市场竞争中,提高设计技术,改善制造工艺,优化生产模式,以适应现代生产的需求。随着我国装备制造业的发展,冲压工艺和模具生产水平迅速提高,目前,多件冲压与组合式冲压技术已经在各国工业中普遍使用,我国已成为使用各类模具的大国。其中,汽车与家电产品生产用的各类模具的年需求量已占全国模具需求总量的 60%以上。

1.2.2 冲压技术的发展趋势

模具技术的发展应该为适应模具产品交货期短、精度高、质量好、价格低的要求服务。达到这一要求急需发展如下几项技术或研究。

(1)计算机辅助设计、制造与工程(CAD/CAM/CAE)技术转变

模具 CAD/CAM/CAE 技术是模具设计制造的发展方向。随着计算机软件的发展和进步,CAD/CAM/CAE 技术基本成熟,已基本实现了跨地区、跨企业的覆盖,并通过技术资源的重新整合,使虚拟制造成为可能。目前,CAD/CAM/CAE 技术转变已成为冲压技术发展的一个重要方向。

(2)模具扫描及数字化系统

高速扫描机和模具扫描系统提供了从模型或实物扫描到加工出期望的模型所需的诸多功能,极大缩短了模具的研制周期,提高了冲压的效率。有些快速扫描系统可安装在已有的数控铣床及加工中心上,实现数据快速采集,自动生成各种不同数控系统的加工程序、不同格式的CAD数据,已被用于模具制造业的"逆向工程"。模具扫描系统也已在汽车、家电等行业得到成功应用。

(3)模具制造工艺及设备

国外近年来发展的高速铣削加工,大幅度提高了加工效率,并可获得极低的表面粗糙度值。另外,它还可加工高硬度模块,并具有温升低、热变形小等优点。高速铣削加工技术的发展,给汽车、家电行业中大型型腔模具制造注入了新的活力。目前它已向更高的敏捷化、智能化、集成化方向发展。模具自动加工系统是我国的长远发展目标。模具自动加工系统应由多台机床合理组合,配有随行定位夹具或定位盘,有完整的机具、刀具数据库与数控柔性同步系统,以及质量监测控制系统。

(4)提高模具标准化程度

我国模具标准化程度正在不断提高,目前我国模具标准件使用率已达到 30% 左右;国外发达国家一般为 80% 左右。当前我国正在大力推广模具标准化,以提高模具标准化程度,扩大模具标准件新系列。

(5)优质材料及先进表面处理技术

选用优质材料和应用先进的表面处理技术以提高模具的寿命,是影响模具热处理和表面处理,充分发挥模具钢材料性能的关键环节。模具热处理的发展方向是采用真空热处理,其表面处理应发展先进的气相沉积、等离子喷涂等工艺技术。研究自动化、智能化的研磨与抛光方法用以替代现有手工操作,以提高模具表面质量,是重要的发展趋势。

(6)开发和引进新装备、新技术

应开发和引进高速压力机和多工位自动压力机、数控压力机、冲压柔性制造系统及各种专用压力机,以满足大批量、高精度生产的需要。

(7)冲压基本原理的研究

冲压工艺及冲模设计与制造方面的发展,与冲压变形基本原理的研究进展是分不开的。例如,板料冲压工艺性能的研究,冲压成形中应力与应变的分析和计算机模拟,板料变形规律的研究,从坯料变形规律出发进行坯料与模具之间相互作用的研究,在冲压变形条件下的摩擦、润滑机理方面的研究等,这些理论的研究及发展对提高冲压技术水平起着非常重要的作用。

(8)智能控制技术

冲压生产智能控制技术是指在材料与工艺一体化的基础上,依据材料和工艺数据库实现冲压生产过程的在线控制、智能控制(也称自适应控制)。首先对材料、工艺参数建立在线自动检测系统。当材料性能、工艺参数发生变化或波动时,自动检测系统(传感器和信号转换系统)在线确定相关参数的瞬时值,通过计算机模拟分析和优化软件(人工神经网络方法、专家系统)确定参数变化后的最佳工艺参数组合,调整自动检测系统工艺参数后,实现冲压工艺过程的自适应控制。新的生产数据逐渐积累可进一步成为后续加工过程的工艺优化基础。

1.3 冲压的基本工序

由于冲压的制件形状、尺寸、精度要求、生产批量、原材料性能等各不相同,因此生产中所采用的冲压工艺方法是多种多样的。根据材料的变形特点及企业目前的生产实际情况,冲压的基本工序可分为分离工序与成形工序两大类。

1.3.1 分离工序

分离工序就是将冲压件与板料沿要求的轮廓线相互分离,并获得一定断面质量的冲压加工方法。分离工序是利用材料塑性变形到达最后阶段所产生的断裂而实现的,根据冲压加工工序的特点,冲压的分离工序主要包括落料、冲孔等,见表1-1。

表1-1 分离工序

工序名称	工序简图	具体工艺
落料		用冲模沿封闭轮廓曲线冲切,封闭线内是制件,封闭线外是废料
冲孔		将废料沿封闭轮廓从材料或工序件上分离下来,从而在材料或工序件上获得需要的孔
切断		将材料用剪刀或冲模沿敞开轮廓分离,被分离的材料成为工件或工序件
整修		沿外形或内形轮廓切去少量材料,从而降低边缘表面粗糙度和垂直度,一般也能同时提高尺寸精度
精冲		利用有带齿压料板的精冲模使冲压件整个断面全部或基本全部光洁

续表

工序名称	工序简图	具体工艺
切舌	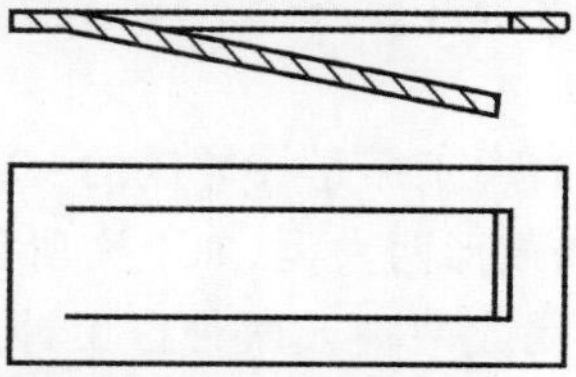	将材料沿敞开轮廓局部而不是完全分离

1.3.2 成形工序

成形工序是使冲压毛坯在不破裂的条件下发生塑性变形,以获得所要求的形状、尺寸的零件的冲压加工方法。一般成形指板料的弯曲、拉深、胀形、翻边等,它是既保持坯料的板料状态,同时又改变其外观的加工方法。此外,线材、棒料和管材等通过成形加工也能得到各种制件。成形工序主要包括弯曲、拉深、翻孔等,见表 1-2。

表 1-2 成形工序

工序名称	工序简图	具体工艺
弯曲	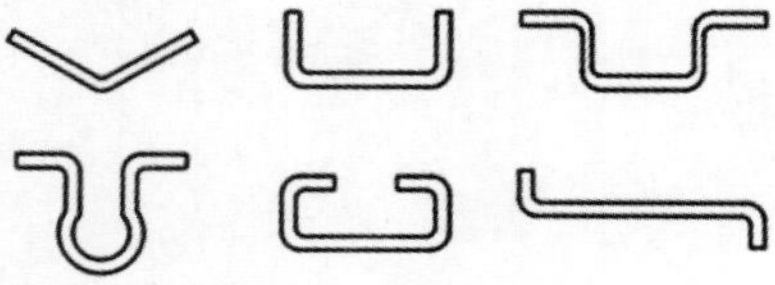	用弯曲模具使材料产生塑性变形,从而弯成具有一定曲率、一定角度的零件
卷边	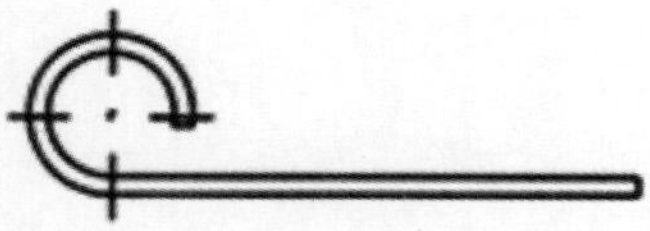	将工序件边缘卷成接近封闭圆形
拉深	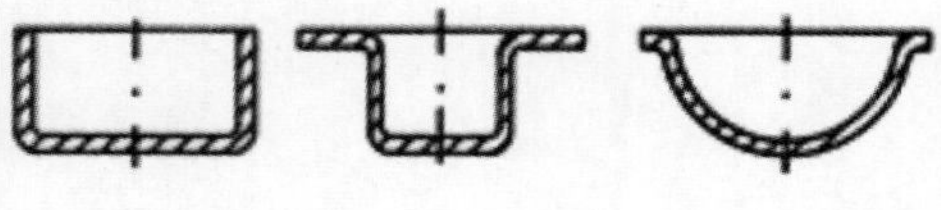	将平板形的坯料或工序件变为开口空心件,或进一步改变开口空心工序件的形状和尺寸,使其变为开口空心件
翻孔	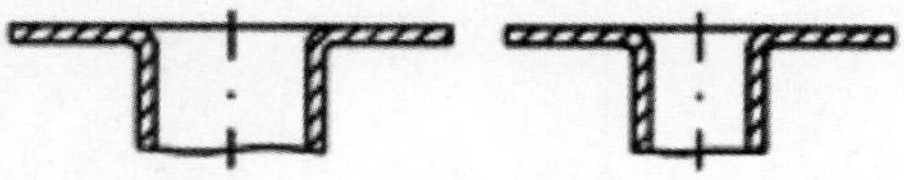	沿内孔周围将材料翻成竖边,其直径比原内孔大
扩口		将空心件或管状件口部向外扩张,形成口部直径较大的零件
起伏	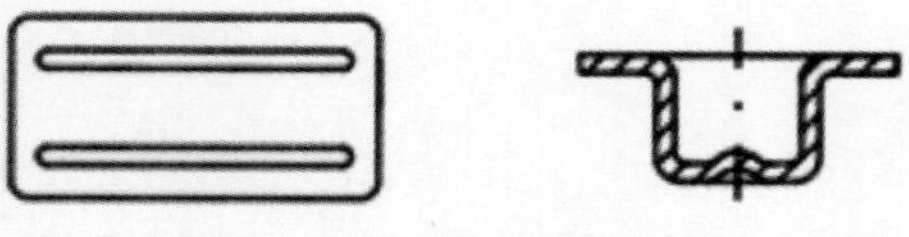	在板材毛坯或零件的表面上用局部成形的方法制成各种形状的凸起与凹陷

在实际生产中,当生产批量较大、尺寸较小而公差要求较小时,如果仅以表1-1和表1-2中所列的基本工序组成冲压工艺过程,则生产率可能很低,不能满足生产需要。为了进一步提高冲压加工的效率,有时把两个以上的基本工序合并成一个工序,成为复合工序,例如复合、级进、复合-级进的组合工序。

现在介绍简单、复合及级进工序的内涵。简单工序是在冲压的一次工作行程中,只完成单一冲压内容的工序。简单工序主要分为分离和成形两大类(如上文所述)。复合工序是在冲压的一次工作行程中,在模具的同一工位上同时完成两种或两种以上冲压内容的工序。级进工序是在冲压的一次行程中,在不同的两个以上工位依次完成两种或两种以上冲压内容的工序。复合-级进工序是在一副冲模上实现复合和级进两种方式的组合工序。

上述冲压成形的分类方法比较直观、真实地反映出了各类零件的实际成形过程和工艺特点,便于制定各类零件的冲压工艺并进行冲模设计,在实际生产中得到了广泛的应用。

第2章 冲压成形基础

2.1 冲压成形的基本原理

冲压成形是金属塑性加工的基本方法之一,金属板料塑性、变形抗力、变形过程中的加工硬化现象等对成形过程影响很大。为了更加清楚地理解冲压成形过程及工艺,对上述因素介绍如下。

2.1.1 影响金属塑性的因素

1. 化学成分

金属塑性受化学成分的影响很复杂。工业用的金属除基本元素之外大都含有一定的杂质,有时为了改善金属的使用性能还要加入一些其他合金元素。这些杂质和加入的合金元素,对金属的塑性均有很大的影响。

金属和合金中的杂质有金属、非金属和气体等,它们所起的作用各不相同。一般而言,金属的塑性是随纯度的提高而增加的。例如纯度为 99.96% 的铝,其延伸率为 45%,而纯度为 98% 的铝,其延伸率只有 30% 左右。应该特别注意那些使金属和合金产生脆化现象的杂质,因为在杂质混入或它们的含量达到一定值后,可使冷热变形都变得非常困难,甚至无法进行。例如钨中含有极少量的镍时,钨的塑性就会大大降低。因此,在退火时应避免钨丝与镍合金接触。又如当纯铜中含有铋、铅等有害杂质时,就会使热变形困难;当铋含量增加到 10^{-4} 数量级时,冷热变形难于进行;当铅含量超过 0.03%~0.05% 时将引起热脆现象。

杂质对金属塑性的影响不仅与杂质的性质及数量有关,还与其存在状态及其在金属基体中的分布情况和形状有关。例如铅在纯铜及低锌黄铜中的有害作用,主要是由于铅在晶界会形成低熔点物质,破坏热变形时晶间的结合力,使铜产生热脆性。但在 α+β 两相黄铜中则不同,分散于晶界上的铅由于 β↔α 的相转变而进入晶界内,对热变形无影响,此时的铅无害,而是作为改善制品性能的少量添加元素。

合金元素的加入对金属的塑性也会产生一定的影响,在本质上与前述杂质的作用相同。不过,多数为了提高合金的某种性能而人为加入的合金元素对金属材料塑性的影响,取决于加入元素的特性、加入数量、元素之间的相互作用。

2. 组织结构

金属的组织结构对金属的塑性也会产生很大的影响,这主要针对组元的晶格、晶粒的取向及晶界的特征而言。面心晶格的金属(如 Al、Ni、Pb、Au、Ag 等)塑性最好,体心晶格的金属(如 Fe、Cr、W、Mo 等)次之,六方晶格的金属(如 Zr、Hf、Ti 等)较差。

大部分金属单晶体在室温下都有较高的塑性,然而多晶体的塑性则较低。这是由一般情况下多晶体晶粒的大小不均匀、晶粒方位不同、晶粒边界的强度不足等造成的。如果晶粒细小,则标志着晶界面积大,晶界强度高,变形多集中在晶内,故表现出较高的塑性。超细晶粒,因其近于球形,在低变形速度下还伴随着晶界的滑移,故呈现出更高的塑性;而粗大的晶粒,由于大小不易均匀,且晶界强度低,容易在晶界处造成应力集中,出现裂纹,故塑性较低。

3. 变形温度

塑性随温度的升高而有所改善。因为随着温度的升高,原子热运动的能量增加,那些具有明显扩散特性的塑性变形机构(晶间滑移机构、非晶机构、溶解沉淀机构)都发挥了作用。同时随着温度的升高,在变形过程中发生了消除硬化的再结晶软化过程,从而使那些由于塑性变形所造成的破坏和显微缺陷得到修复的可能性增大。随着温度的升高,还可能出现新的滑移系。滑移系的增多,意味着塑性变形能力的提高。如铝的多晶体,其最大塑性出现在 450~550℃ 的温度范围内,此时不仅可沿着(111)面滑移,而且还可以沿着(001)面及其他方向进行滑移。

4. 变形速度

变形速度对塑性的影响比较复杂。当变形速度不大时,随变形速度的提高,塑性是降低的;而当变形速度较大时,塑性随变形程度的增大反而提高。这种影响还没有确切的定量关系。在较小的应变速度范围内增大应变速度时,由于塑性变形时金属的温度效应所引起的塑性提高,小于其他机理所引起的塑性降低,最终表现为塑性降低;当应变速度较大时,由于温度效应更为显著,使得塑性基本上不再随应变速度的增大而降低;当应变速度更大时,则由于温度效应更大,其对塑性的有利影响超过其他机理对塑性的不利影响,因而最终使得塑性提高。

变形速度对金属塑性变形的影响比较复杂,不同学者的研究结果出入很大,难以提供确切的资料。一般根据以下生产经验确定:

1)在加热成形工序中,为了减小温度对材料硬度的影响,使材料中的危险断面能及时冷却强化,宜用低速加载。

2)对于那些对变形速度比较敏感的材料,如不锈钢、耐热合金、钛合金等,加载速度不宜超过 0.25 m/s。

3)小型零件在冲压过程中,一般可以不考虑速度因素,只需考虑设备的构造、公称压力和功率等。

4)大型复杂零件的成形宜用低速。因为大尺寸复杂零件成形时,坯料各部分的变形极不均匀,易于产生局部拉裂或起皱。为了便于控制金属的流动情况,以采用低速压力机或液压机为宜。

5. 变形程度

变形程度对塑性的影响,是与加工硬化及加工过程中伴随着塑性变形的发展而产生的裂纹倾向联系在一起的。在热变形过程中,变形程度与变形温度-速度条件是相互联系的,当加工硬化与裂纹胚芽的修复速度大于发生速度时,可以说变形程度对塑性的影响不大。

对于冷变形而言,由于没有上述的修复过程,一般都是随着变形程度的增加,塑性降低。至于从塑性加工的角度来看,冷变形时两次退火之间的变形程度究竟多大最为合适,尚无明确结论,还需进一步研究。但可以认为这种变形程度是与金属的性质密切相关的。对硬化强度大的金属与合金,应给予较小的变形程度,即进行下一次中间退火,以恢复其塑性;对于硬化强度小的金属与合金,则可在两次中间退火之间给予较大的变形程度。

6. 尺寸因素

尺寸因素对加工件塑性的基本影响规律是:随着加工件体积的增大,塑性有所降低。实际金属的平均单位体积中有大量的组织缺陷,由于体积越大,不均匀变形越强烈,在组织缺陷处容易引起应力集中,造成裂纹源,因而引起塑性的降低。

2.1.2　影响变形抗力的因素

塑性变形时,变形金属抵抗塑性变形的力称为变形抗力。影响变形抗力的因素主要有化学成分、变形温度、变形速度、变形程度等。

1.化学成分

变形抗力受化学成分的影响非常复杂。对于各种纯金属,因原子间相互作用不同,变形抗力也不同。同种金属,纯度越高,变形抗力越小。组织状态不同,抗力值也有差异,如退火态与加工态,抗力明显不同。

变形抗力受合金元素的影响,主要在于合金元素的原子与基体原子间相互作用特性、原子体积的大小以及合金原子在基体中的分布情况。合金元素在金属中引起的基体点阵畸变程度越大,变形抗力也越大。

变形抗力还受杂质的性质与分布的影响。当杂质原子与基体组元组成固溶体时,会引起基体组元点阵畸变,从而提高变形抗力。杂质元素在周期表中离基体越远,变形抗力提高越显著。若杂质以单独夹杂物的形式弥散分布,则对变形抗力的影响较小。若杂质元素形成脆性的网状夹杂物,则使变形抗力下降。

2.变形温度

随着温度升高,金属原子间的结合力降低,金属滑移的临界切应力降低,几乎所有金属与合金的变形抗力都随温度升高而降低。但是对于那些随着温度变化产生物理化学变化和相变的金属与合金,则存在例外。

3.变形速度

当变形速度增大时,单位时间内的发热率增加,有利于软化的产生,使变形抗力降低。另外,变形速度提高则缩短了变形时间,当塑性变形时,位错运动的发生与发展不足,使变形抗力增加。一般情况下,随着变形速度的增大,金属与合金的抗力提高,但提高的程度与变形温度密切相关。冷变形时,变形速度的增大,使抗力有略微的增加,或者说抗力对速度不是非常敏感。而在热变形时,变形速度的增大,会引起抗力明显增大。

4.变形程度

不论温度的变化情况如何,只要回复和再结晶过程来不及进行,则随着变形程度的增大,必然会产生加工硬化,使变形抗力增大。通常当变形程度低于 30% 时,变形抗力增大显著。当变形程度较大时,变形抗力增大变缓。这是因为变形程度进一步增大时,晶格畸变能增大,促进了回复与再结晶过程的发生与发展,也使变形热效应显著。

2.1.3　硬化现象

在金属变形过程中,随着塑性变形程度的增加,所有强度指标均增加,硬度提高,塑性指标却降低,这种现象称为加工硬化。材料的加工硬化对塑性变形影响很大,材料加工硬化不仅使所需的变形力增大,而且对冲压成型有较大的影响。这种影响有时是有利的,有时是不利的。例如加工硬化使变形力增大,限制了毛坯的进一步变形而降低了极限变形程度,甚至要在后续成型工序增加退火工序以消除加工硬化。但加工硬化也有其有利的一面,如汽车冲压件利用塑性变形来提高其强度和刚度。伸长类材料变形时,变形区的硬化能够使变形趋于均匀,增大极限变形程度。因此,在处理冲压生产实际问题时,必须研究和掌握材料的加工硬化、硬化规律以及它们对冲压成形工艺的影响,做到具体问题具体分析。

2.1.4 硬化曲线

表示变形抗力随变形程度增加而变化的曲线叫硬化曲线,也称实际应力曲线或真实应力曲线,它可以通过拉伸、压缩或板料的液压胀形试验等多种方法求得。绘制硬化曲线时,如果应力指标采用假想应力来表示,即应力是按各加载瞬间的载荷 F 除以变形前试样原始截面积 A_0 计算,没有考虑变形过程中试样截面积的变化,显然是不准确的,这种应力曲线多用于材料力学与结构力学中,以描述变形程度极小时的应力-应变关系。而塑性加工中的硬化曲线的应力指标是采用真实应力来表示的,应力是按各加载瞬间的载荷 F 与该瞬间试样的截面积 A 的比值 F/A 计算的。实际应力曲线与假想应力曲线如图 2-1 所示。从图中可以看出,实际应力曲线能真实反映变形材料的加工硬化现象。

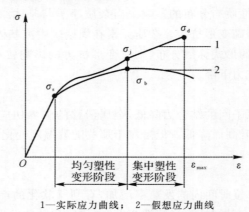

1—实际应力曲线; 2—假想应力曲线
图 2-1 金属的应力-应变关系

2.2 冲压材料及冲压成形性能

2.2.1 板料的冲压成形性能

板料的冲压成形性能是指材料对各种冲压变形方法的适应能力,具体地说,就是指能否用简单的工艺方法,高效地用板料生产出优质、低成本的冲压件,且模具消耗低,不易出废品等。板料的冲压性能必须通过试验来鉴定。不同的冲压工序,板料的应力状态、变形特点及变形区和传力区之间的关系将不同,所以对板料的冲压性能的要求也都不相同。

对冲压成形来说,不产生破裂是基本前提,同时对它的表面质量和形状、尺寸精度也有一定要求。板料成形性应包括抗破裂性、贴模性和形状冻结性等几个方面。

冲压成形性是板材可成形能力的总称,或称之为广义的冲压成形性能。而将成形性能中的抗破裂性能,视为狭义的冲压成形性能。板料在冲压过程中,一方面因为起皱、塌陷和鼓包等缺陷而不能与模具完全贴合;另一方面因为弹性回复,造成零件脱模后产生较大的形状和尺寸误差。通常把板料冲压成形中取得与模具形状一致的能力,称为贴模性或抗皱性;而把零件脱模后保持其既得形状和尺寸的能力,称为形状冻结性(定形性)。

通常把冲压加工时材料开始出现裂纹时的极限变形程度作为板材冲压成形性能的判定尺度。把冲压成形基本工序按其变形区应力应变的特点分为伸长类与压缩类两个基本类别。现把冲压成形分类与冲压成形性能分类的关系列于表 2-1 中。

表 2-1　冲压成形性能的分类

冲压成形类别	冲压成形性能类别	提高极限变形程度的措施
伸长类冲压成形(翻边、胀形等)	伸长类成形性能(翻边性能、胀形性能)	①提高材料的塑形; ②减小变形的不均匀程度; ③消除变形区局部硬化层和应力集中
压缩类冲压成形(拉深、缩口等)	压缩类成形性能(拉深性能、缩口性能)	①降低变形区的变形抗力、摩擦阻力; ②防止变形区的压缩失稳; ③提高传力区的承载能力
复合类冲压成形(弯曲、曲面零件拉深成形等)	复合类成形性能	根据成形类别的主次,分别采取相应的措施

2.2.2　板料冲压成形性能的测定

冲压加工用的各种金属材料,在加工成各种冲压件的过程中,需要经过多种成形加工。因此,对于板料成形性的研究,必须给予足够的重视。随着技术的不断进步,对冲压件的要求也越来越高。

板料冲压成形的测定方法有多种,概括起来分为直接试验和间接试验两类。直接试验中,板材的应力和变形情况与真实冲压基本相同,所得的结果也比较准确;间接试验时板材的受力情况与变形特点却与实际冲压时有一定的差别,所得的结果也只能间接地反映板材的冲压性能,有时还要借助于一定的分析方法才能做到。

2.2.3　成形极限图的概念与制作

1.成形极限图的概念

成形极限是指材料不发生塑性失稳破坏时的极限应变值,但目前失稳理论的计算值还不能准确反映实际冲压成形中坯料的变形极限,在实际生产中普遍应用实验得到的成形极限图。

成形极限图(Forming Limit Diagrams,FLD)也称成形极限曲线(Forming Limit Curves,FLC),是对板材成形性能的一种定量描述,同时也是对冲压工艺成败的一种判断曲线。与使用总体成形极限参数,如胀形系数、翻边系数等来判断是否能成形的方法相比,使用成形极限图更为方便、准确。

成形极限图是板材在不同应变路径下的局部失稳极限应变 δ_1 和 δ_2(相对应变)或 ε_1 和 ε_1(真实应变)构成的条带形区域或曲线(见图 2-2)。它全面反映了板材在单向和双向拉应力作用下的局部成形极限。在板材成形中,板平面内的两个主应变的任意组合,只要落在成形极限图中的成形曲线上,板材变形时就会产生破裂,变形如位于临界区,表明此板材有濒临破裂的危险。由此可见,FLD 是判断和评定板材成形性能的最为简便和直观的方法,是解决板材冲压成形问题的一种非常有效的工具。

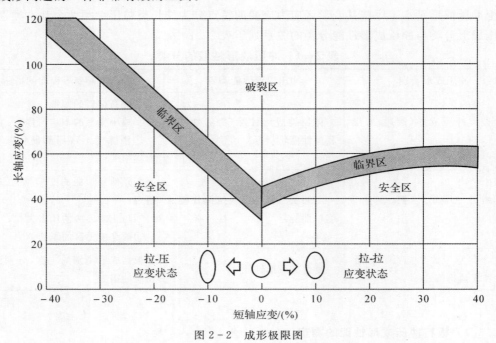

图 2-2　成形极限图

2. 成形极限图的制作

试验确定板材成形极限图的方法是:在坯料(试样)表面预先作出一定形状的网格,冲压成形后观察、测定网格尺寸的变化量,经过计算,即可得到网格所在位置的应变;对变形区内各点网格尺寸的变化进行测量计算,得到应变的分布。常用网格形式如图 2-3 所示。图 2-4 采用圆形网格,在变形后网格变成椭圆形,椭圆的长、短轴方向就是主轴方向,主轴应变数值如下:

(1)相对应变

长轴应变:

$$\delta_1 = \frac{d_c - d_0}{d_0}$$

短轴应变:

$$\delta = \frac{d_d - d_0}{d_0}$$

式中:d_c——椭圆长轴长度;

　　d_d——椭圆短轴长度。

(2)真实应变

长轴应变:

$$\varepsilon_1 = \frac{d_c}{d_0}$$

短轴应变：

$$\varepsilon_2 = \frac{d_d}{d_0}$$

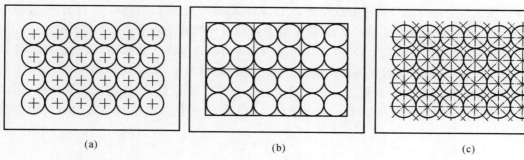

图 2-3　常用网格形式

（a）圆形网格；　（b）组合网格；　（c）叠加网格

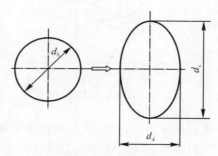

图 2-4　网格的变化

因为圆形测量方便,所以网格多采用圆形。网格大小可根据冲压件的具体情况选定。一般在曲率较小的部位可选用较大的网格,这样可以减小测量误差。而在曲率较大的部位,应选用较小的网格,以利于提高测量精度。对于小尺寸的网格,直径一般小于 5 mm,如 2 mm、3.5 mm 的圆形网格。而在实际生产中,网格尺寸可以大一些,如 10 mm、20 mm。

网格的制作可用机械刻线法、印象法或电腐蚀法等。

将每个试样的极限变形均作为一个实验点(ε_1 和 ε_2),绘入 ε_1-ε_2 坐标系内,以尽可能小的区域将这些点都包括进去,即得到该实验材料的 FLD(见图 2-2)。

2.2.4　成形极限图的应用

成形极限图与应变分析网格法结合在一起,可以分析、解决许多生产实际问题。这种方法是:先通过试验方法获得研究零件所用板材的成形极限图,再将网格系统制作在研究零件的坯料表面或变形危险区,坯料成形为零件后,测定其网格的变化量,计算出应变值,并将该应变值标注在所用材料的成形极限图上。这时零件的变形危险区域便可准确加以判断。

成形极限图的应用大致有以下几方面：

1)解决冲模调试中的破裂问题。

2)判断所设计工艺过程的安全程度,选用合适的冲压材料。

3)可用于冲压成形过程的监测和寻找故障。

应用成形极限图可以为消除破裂提供应采取的工艺措施。

例如,将汽车覆盖件上某一危险部位的应变值标注在所用材料的成形极限图上(见图2-5)。如果覆盖件上危险部位的应变点位于 B 处,若要增加其安全性,由图2-5可看出,应减小 δ_1 或增大 δ_2,最好兼而有之。减小 δ_1 需降低椭圆长轴方向的流动阻力,还可以采用在该方向减小坯料尺寸、增大模具圆角半径、改善其润滑条件等方法来实现。如果增大 δ_2,需增加椭圆短轴方向的流动阻力,实现的方法是在这一方向上增加坯料尺寸,减小模具圆角半径,在垂直于短轴方向设置拉深筋等。若覆盖件危险部位的应变点位于 D 处,若要增加其安全性,可以从减小 δ_1 或减小 δ_2 的代数值着手。应注意的是,减小 δ_2 的代数值应减小短轴方向的流动阻力。

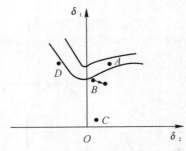

图2-5 用FLD预见危险性

通过上述分析可知,汽车覆盖件成形中,对其成形质量影响较大的工艺参数是:模具圆角半径、坯料形状和尺寸、压边力、润滑状态等。成形工艺设计的优劣在很大程度上取决于这些工艺参数的选取。成形极限图提供了合理选择和优化工艺参数的途径。

2.3 冲压成形 CAD/CAE 技术在冲压过程中的应用

2.3.1 冲压成形 CAD 技术的应用

CAD 是一个可视化的绘图软件,拥有几何造型、特征设计、绘图等功能,许多命令和操作可以通过菜单和工具栏等方式实现,它可完成面向冲压、机械、建筑、电气等各专业领域的应用设计。汽车覆盖件 CAD 技术的开发和研究,是在冲压成形过程中的典型应用。早在1965年,日本丰田汽车公司已将数控技术用于汽车覆盖件的模具加工,并取得了很好的经济效果。20世纪80年代,丰田汽车公司所采用的是汽车覆盖件 CAD 系统,该系统投入使用后使丰田公司的汽车覆盖件成形模具设计与制造时间减少了50%。近年来,国内许多高校都对汽车覆盖件模具 CAD 技术进行了系统而深入的研究,并取得了可喜的成果。

冲压过程 CAD 的应用主要体现在冲压模具的设计及零件图的绘制上。图2-6为一冲压云母片零件图。通过零件图可以对零件形状、尺寸有更直观的认识,为后续的零件加工提供依据。CAD 不仅可以对简单零件图进行绘制,还可以对冲压模具进行设计、计算等。总之,在冲压过程中,应用 CAD 技术可以为技术设计人员节省大量设计时间,帮助他们更直观有效地进行模具设计,缩短模具设计和制造周期。

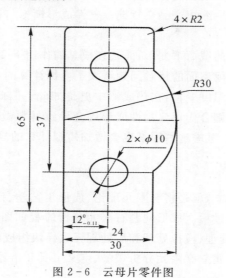

图 2-6　云母片零件图

2.3.2　冲压成形 CAE 技术概述

冲压工艺设计和模具设计,在过去很大程度上依赖于经验,这严重限制着模具开发水平的提高。随着冲压 CAE 技术的发展并成功应用于冲压成形过程的数值模拟中,人们对冲压成形过程中出现的起皱、破裂、回弹三大缺陷,也提出了 CAE 的冲压工艺分析理论和方法,基于 CAE 的冲压成形技术成为冲压模具开发的一个有力工具,发挥着越来越大的作用。

汽车工业是衡量一个国家工业水平的重要标志之一,在汽车覆盖件冲压成形过程中,CAE 技术意义重大。应用 CAE 技术,一方面能够在模具制造之前,从理论上分析成形的可行性,减少模具设计方案的风险,从而实现低成本、短周期进行模具的设计制造。另一方面可以实现模具设计与工艺参数的优化。利用 CAE 技术可以模拟坯料在冲压过程的真实状况,能够实现从坯料夹持、压边圈压合、拉延筋设置、冲压加载、卸载回弹到切边回弹的全过程模拟,定量地确定破裂、起皱、回弹等的部位与严重程度;能够分析模具间隙、摩擦状态、压边力大小、材料参数、冲压速度等各种因素对冲压过程的影响并进行优化设计;可以根据坯料在冲压过程中的流动和变形情况确定合适的毛坯形状和尺寸。

2.3.3　塑性成形 CAE 技术概述

在塑性成形中,材料的塑性变形规律、模具与工件之间的摩擦现象、材料中温度和微观组织的变化及其对制件质量的影响等,都是十分复杂的问题。这些使得塑性成形工艺和模具设计缺乏系统的、精确的理论分析手段,而主要依据工程上长期积累的经验。对于复杂的成形工艺和模具,设计质量难以得到保证。一些关键性的成形工艺参数要在模具制造出来之后,通过反复的调试、修改才能确定,这样就浪费了大量的人力、物力和时间。借助于数值模拟方法,能使工程师在工艺和模具设计阶段预测成形过程中工件的变形规律、可能出现的成形缺陷和模具的受力状况,以较小的代价、用较短的时间找到最优的或可行的设计方案。塑性成形过程的数值模拟技术是使模具设计实现智能化的关键技术之一,它为模具的设计提供了必要的支撑,应用它能降低成本、提高质量、缩短产品交货期。塑性成形模拟与一般的有限元结构分析相比有以下特点:

1)工件通常不是在已知的载荷下变形,而是在模具的作用下变形,而模具的型面通常是很复杂的。处理工件与复杂的模型面的接触问题增大了模拟计算的难度。

2)塑性成形往往伴随着温度变化,在热成形中更是如此。因此,为了提高模拟精度,有时要考虑变形分析与热分析的耦合作用。塑性成形还会导致材料微观组织性能的变化,如变形织构、损伤、晶粒度等的演化,考虑这些因素也会增加模拟计算的复杂程度。

2.3.4 软件的模块结构

成形过程仿真系统的建立,就是将有限元理论、成形工艺学、计算机图形处理技术等相关理论和技术进行有机结合的过程。成形问题有限元分析流程如图2-7所示。从图中可以看出,软件的模块结构是由前处理、模拟处理和后处理三大模块组成的。有限元仿真主要包括以下几个过程:建立几何模型、建立有限元分析模型、定义工具和边界条件、求解和后处理。

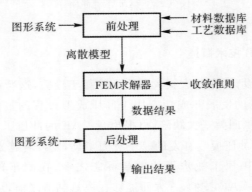

图2-7 有限元分析流程图

1. 建立几何模型

一般的有限元分析商业软件都提供简单的几何造型功能,可满足几何形状简单的成形模拟建模需要。形状简单的模具和工件,可以由分析人员利用模拟软件生成。毛坯通常采用这种方法生成。一方面它的形状简单,另一方面在工艺设计阶段毛坯的精确尺寸往往还未确定,而是要根据模拟结果确定。

模具型面往往包含自由曲面,需要用CAD系统造型。分析软件一般都具有CAD系统的文件接口,以便读入在CAD系统中生成的设计结果。最常用的文件接口包括IGES、STL、VDA等。有些软件还针对一些常用的CAD软件开发了专用接口。由模具设计人员用CAD软件设计的几何模型,往往不能完全满足有限元分析的要求,例如曲面有重叠、缝隙,包含过于细长的曲面等。因此,需要进行检查和修改,消除这些缺陷。另外,原始设计中包含的一些细小特征,如小凸台、拉深筋等应该删去,以免在这些区域产生过多细小的单元,增加不必要的工作量。这些过程一般称为几何清理。

2.建立有限元分析模型

(1)划分网格

划分网格是将问题的几何模型转化成离散化的有限元网格。划分网格时要根据问题的几何和受力状态的特点选择合适的单元类型,同时尽可能选用较简单的单元类型。一般来说,采用三角形和四面体单元容易对复杂的区域自动划分网格,具有很强的适应性,但常应变的三角形单元和四面体单元计算精度低。四边形和六面体单元计算精度较三角形和四面体单元高,但是复杂区域难以全部剖分成为四边形或六面体单元,尤其是难以实现全自动剖分。如果可能,应尽量采用四边形和六面体单元。为了便于在计算中根据曲率变化和应变梯度的变化,灵活地进行网格密度调整(细化和粗化)、提高成形模拟的精度,也常常采用可变节点数的过渡单元。

网格划分的方法主要可分为两类。一类是映射法或称为结构化的方法。使用这类方法首先要将需要划分网格的区域分解成四边形或三角形的较规则的子域,每个子域作为一个超单元,然后针对每个子域给定各边的节点数量,最后生成与子域形状相似的单元。这类方法易于控制,能实现特定的意图,但操作麻烦,网格的质量不一定好。另一类是自动剖分法(也称为自由的或非结构化的方法),这类方法所依据的算法种类繁多,由于其自动化水平高,生成的网格质量好,能适应各种复杂的情况,用户可以指定各个位置单元的边长实现网格密度的变化,使用更为方便。在成形模拟中,毛坯形状简单,可用映射法划分网络。而模具型面一般由许多曲面片构成,形状复杂,一般采用自动剖分法。划分网络后应检查网格质量,其中包括:单元各边长应尽可能相等,单元的内角应尽可能平均,壳单元的各节点应尽可能共面。另外,为使离散后的有限元模型尽可能接近原模型的几何形状,应控制离散化前后的表面之间的最大偏差。对于检验不合格的单元,需要调整网格密度控制参数重新划分网络,或进行局部的手工调整,如移动节点位置、网格加密等。

(2)选择材料模型

根据材料选择合适的模型,并输入有关材料参数。例如:对于各向异性较强的板材的冲压成形,应选用塑性各向异性材料模型;对于热锻问题,应选用黏塑性模型,为了提高计算精度,还可以考虑选用材料参数随温度变化的模型;为了预测冷锻等成形过程中工件的内部裂纹,可以采用损伤模型;等等。越是复杂的模型,其计算精度越高,计算量也越高,同时所需输入的材料参数也越多。一般而言,材料的物理性能和弹性性能参数,如密度、热容、弹性模量、泊松比等对于材料成分和组织结构小的变化不太敏感,当精度要求不特别高时,可以参照类似材料的参数给定。但是材料的塑性性能是结构敏感的,与材料的成分、组织结构、热处理状态以及加工历史等都有密切关系,需要通过试验测定。

(3)选择求解算法

对于准静态的成形过程,应尽可能选用静力算法求解,以避免采用动力算法时人为引入的惯性效应,同时静力算法求得的应力场也更为准确,有利于回弹预测。对于高速成形过程,应采用动力算法求解,以便考虑惯性效应的影响。另外,对于静力算法不易收敛的准静态问题,也可利用动力算法对强非线性问题的强大处理能力进行求解,但要仔细地考察惯性效应带来的误差。

在体积成形模拟中,若主要关心成形过程中工件的变形情况,应采用刚塑性有限元法,以减少计算量;若还要考虑工件卸载后的残余应力分布,则应采用弹塑性有限元法。

3.定义工具和边界条件

(1)定义边界条件

热分析中的边界条件包括环境温度、表面换热系数等。在成形模拟中,位移边界条件主要是对称性条件,可以利用对称性来大大减小所需的计算量。而在液压成形中,要定义液压力作用的工件表面和液压力随时间的变化关系。

(2)定义工具

在成形模拟中直接给定工件所受外力的情况是很少见的。工件所受的外力主要是通过工件与模具的接触施加的。在建立几何模型时定义工具的几何形状,在划分网格时建立工具表面的有限元模型。为使工具的作用能正确施加到工件上,还需定义工具如下三方面的性质:

1)位置和运动。将各个工具放置到正确的位置上,每个工具应有正确的相对位置关系。通过工具的选择,定义每一道工序中起作用的工具。工具的运动方式主要有两种,即直线运动和旋转。定义直线运动需给定运动方向和位移(或速度)随时间的变化规律;定义旋转需给定转轴和转角(或角速度)随时间的变化规律。

2)接触和摩擦。有的软件提供了多种接触和摩擦的处理方法供用户选择,有的仅提供缺省的处理方法,即仅需输入摩擦因数或摩擦因子。

3)其他工艺参数。例如冲模中的压边圈需要给定压边力。冲模的拉深筋若直接用其几何形状来建模,就要对工件流过拉深筋的部分细分网格,增加了不必要的计算量,所以通常采用等效拉深筋模型(线模型)来模拟它对板材的进料阻力。用户可以直接输入确定拉深筋阻力的参数,也可以给出拉深筋的剖面尺寸,由软件计算出对应的拉深筋阻力。

4.求解

求解阶段一般不需用户干预。成形过程模拟由于具有高度非线性,计算量很大。计算过程的有关文字信息可以从输出窗口观察,也可以通过图形显示随时检查计算所得的中间结果。如果计算出现异常情况或用户想改变计算方案,可以随时中止计算进程。计算的中间结果将以文件形式保存。重新启动计算时不必从头算起,可以从保存了结果的时刻算起。另外,塑性成形中,尤其是体积成形中,网格可能发生严重的畸变。在这种情况下,为保证计算的正常进行需要重分网格,然后再继续计算。功能强大的软件可以自动进行网格的自适应重分,不必用户干预。

5.后处理

后处理通常是通过读入分析结果数据文件激活的。分析软件的后处理模块能提供工件变形形状、模型表面或任意剖面上的应力应变分布云图、变形过程的动画显示、选定位置的物理量与时间的函数关系曲线、沿任意曲线路径的物理量分布曲线等,使用户能方便地理解模拟结果、预测成形质量和成形缺陷。如冲压成形模拟中用成形极限图显示工件各部分的安全裕度、用光照效果图显示工件的起皱等表面缺陷;体积成形中用损伤因子分布云图显示工件内部出现裂纹的危险程度,用选定质点的流线显示成形中金属的流动方式。

2.3.5 板料塑性成形缺陷分析

塑性成形过程中会产生不同的成形缺陷。各种缺陷对零件的尺寸精度、表面质量和力学性能将产生较大影响。总体而言,板料塑性成形过程中所产生的主要成形缺陷有起皱、破裂和回弹三种类型。

1. 起皱

起皱是压缩失稳在材料塑性成形中的主要表现形式。薄板成形时，为使金属产生塑性变形，模具对板材施加外力，在板内产生复杂的应力状态。由于板厚尺寸与其他两个方向尺寸相比很小，因此厚度方向是不稳定的。当材料的内应力使板厚方向达到失稳极限时，材料不能维持稳定变形而产生失稳（起皱），此种失稳形式为压缩失稳。另外，剪切力、不均匀拉伸力以及板平面内弯曲力等也可能引起起皱。起皱的临界判断一般基于三种准则，即静力准则、能量准则和动力准则。在有限元数值模拟中比较通用的是建立在能量准则基础上的 Hill 提出的关于弹塑性体的失稳分支理论。

采用软件进行具体计算时，可通过观察成形极限图及板料厚度增厚率来预测和判断给定工艺条件下冲压零件可能产生的起皱，并通过修改毛坯形状、大小，模具几何参数或冲压工艺参数（如压边力大小、模具间隙等）措施予以消除。

2. 破裂

破裂是拉伸失稳在材料冲压成形中的主要表现形式。在板料成形过程中，随着变形的发展，材料的承载面积不断缩减，其应变强化效应不断增加。当应变强化效应的增加能够补偿承载面积缩减时，变形能稳定进行下去；当两者恰好相等时，变形处于临界状态；当应变强化效应的增加不能补偿承载面积缩减时，即越过了临界状态，板料的变形将首先发生在承载能力弱的位置，继而发展成为细颈，最终导致板料出现破裂现象。

在板料冲压成形过程中，导致破裂产生的因素主要有：①当压边力设置过大时，板料内部流动会受到较大的阻力，导致板料流动速度变慢，产生拉伸过度变形；②凸凹模间隙太小，合模时板料过于夹紧，导致流动阻力过大，润滑不到位导致板料无法成行，易产生破裂现象；③凹模拔模角太小，板料拉深深度过大，板料本身性能无法满足深度拉深，导致产生破裂现象。

在板料成形数值模拟中，破裂一般采用观察零件成形极限图和材料厚度局部变薄率两种方法进行预测。目前在板料冲压加工中使用的绝大多数专业 CAE 分析软件主要采用成形极限图作为破裂判断的主要依据。在实际生产中不仅要控制零件不被拉破，而且对厚度变薄也有严格的要求。因此有时也利用可观察的材料厚度局部变薄率来预测板料冲压成形过程中破裂发生的可能性。

由于采用软件能够准确地计算具体材料在冲压成形中的流动情况，从而可以准确得出成形过程中冲压零件的应力、应变分布及大小和材料厚度局部变薄率等的变化情况。这为判断给定的模具参数和冲压工艺参数是否合理，是否产生破裂缺陷提供了科学依据。

3. 回弹

回弹缺陷是材料冲压成形过程中产生的主要成形缺陷之一。板料回弹缺陷的产生主要是由于在板料冲压成形结束阶段，当冲压载荷被逐步释放或卸载时，在成形过程中所存储的弹性变形能释放，引起内应力的重组，导致零件外形尺寸发生改变。产生回弹的原因主要有两个：

1) 当板料内外边缘表面纤维进入塑性状态，而板料中心仍处于弹性状态时，在凸模上升去除外载荷后，板料产生回弹现象。

2) 板料在冲压成形过程中，特别是在进行弯曲成形时，即使内外层纤维完全进入了塑性变形状态，在凸模上升去除载荷后，弹性变形消失，也会出现回弹现象。

因此回弹缺陷是板料冲压成形过程中不可避免的一类成形缺陷，它将直接影响冲压零件的成形精度，从而增加调模、试模的成本以及成形后整形的工作量。

在实际板料冲压成形生产中,对于回弹缺陷需要采取有效的工艺措施,采用 CAE 分析技术有效进行回弹缺陷的预测,对实际冲压生产具有客观的实际效益。但由于回弹缺陷的产生涉及板料冲压成形整个过程的板料塑性变形状态、模具几何形状、材料特性、接触条件等众多影响因素,因此板料冲压成形的回弹问题相当复杂。目前,在板料冲压成形中控制回弹主要从两方面加以考虑:

1)从工艺控制方面考虑,即可通过改变成形过程的边界条件,如毛坯形状尺寸、压边力大小及分布状况、模具几何参数、摩擦润滑条件等来减少回弹缺陷的产生。

2)从修模或增加修正工序等方面考虑,即在特定工艺条件下实测或有效预测实际回弹量的大小以及回弹趋势,然后通过修模或增加修正工序,使回弹后的零件恰好满足成形零件的实际设计要求。

在实际生产中此两种方法都得到了广泛应用,有时还需要将两种方法联合起来控制回弹,以获得最佳的成形效果。目前采用软件可对板料回弹进行较为有效的预测,但预测精度还需要进一步提高。

2.4　冲压成形过程中的非技术因素

传统的冲压模具设计过程一般仅需要考虑模具产品的基本属性,如模具的功能、寿命等,而很少甚至不考虑非技术因素的影响。但是,近些年来,非技术因素对冲压模具设计过程的影响变得越来越大,这些因素主要包括法律、政策、安全、成本、环保及创新等方面。

1. 法律

在所有行业中法律都是一条硬性的约束,在模具设计过程中我们首先要注意的就是不能越过法律这条红线。较为重要的是注重对知识产权的保护,在模具设计的过程中首先不得有抄袭现象(主要包括发明专利、实用新型专利等)。另外,在制造过程中,不得生产假冒伪劣产品,要尊重和保护他人的知识产权。

2. 政策

在冲压生产活动中也应积极响应国家的各项政策。模具制造行业的主要产业政策包括《信息化和工业化融合发展规划(2016—2020)》《工业绿色发展规划(2016—2020)》《"十三五"规划纲要(2016—2020)》《中国制造 2025》《模具行业"十三五"发展规划》《装备制造业技术进步和技术改造投资方向(2009—2011)》《装备制造业调整和振兴规划》等。以上政策是由国家相关部门和相关行业协会研究提出的工业发展战略和产业政策,以此来指导产业结构调整、技术进步和技术改造措施等。上述政策指出模具产品以向大型、精密、复杂、长寿命模具为代表的、与高效、高精工艺生产装备相配套的高新技术模具产品方向发展;模具生产向管理信息化、技术集成化、设备精良化、制造数字化、精细化、加工高速化及自动化和智能控制及绿色制造方向发展;企业经营向品牌化和国际化方向发展;行业向信息化、绿色制造和可持续方向发展。

3. 安全

无论从事任何生产活动,安全都应该时刻谨记在每个人心里。在冲压模具的设计和生产工作过程中,由于冲压件是靠上、下模具的相对运动来完成的,加工时上、下模具之间不断地分合,操作工人的手指不断进入、停留在模具闭合区,因此在结构设计上应尽量保证进料、定料、出件、清理废料的方便。卸料板应尽量缩小闭合区域或在操作位置上铣出空手槽。为了防止手指伸入或异物进入,暴露的卸料板的四周应设有防护板,外露表面棱角应倒钝。导柱应安排在远离模块和压料板的部位,使操作者的手臂不用越过导柱送取料;导柱设在下模座,要保证在冲程下死点时,导柱的上端面在上模板顶面以上最少5～10 mm。此外工作人员也必须严格遵守相关操作规程,要定期对模具进行维护和保养,从设计阶段到操作阶段都要防止安全问题的出现。

4. 成本

成本小到影响一个模具厂的生存,大到影响模具行业的发展。一个模具的设计是否适合于实际生产就是要评估其成本与利润之间的关系。应该考虑到模具从开始设计到装配完成期间所有的成本,包括设计成本、材料成本、标准件成本等。模具制造成本直接关系到模具的价格,而模具的价格又关系到在市场上的竞争力。因此在满足使用要求的情况下,应尽可能降低各方面成本。在模具材料的选择上,除主要工作零部件外,其他固定板、模板、垫块等均选用价格低廉的碳钢;需要经常更换的部件,可将其设计为组合式;在模具设计过程中采用标准零件和标准模架可以大大提高模具的总体质量,缩短生产周期,降低生产成本。通常,模具在报废之后只是工作零件不能再用,但是模架还基本完好无损,因此使用标准模架有助于模架的再利用。

5. 环保

模具的设计生产和后续的使用过程中不应对环境造成危害。模具材料、模具使用和废弃等环节的环境保护均属于模具环保范畴。模具环境保护从模具材料的生产过程开始。模具材料中含有毒、有害物质,会严重污染生态环境,妨害人体健康。在对模具进行表面处理时少用或不用有害溶剂;在获得模具的硬度要求时,尽可能避免使用热处理工艺。此外,在模具加工过程中,推广使用先进制造技术,以此来降低加工能耗,节省制造资源,减少噪声、震动等,改善工人工作环境,同时对加工过程中产生的废料、废水、废气进行集中处理。

6. 创新

现代科技发展突飞猛进,日新月异。随着科技的进步和各种产品的不断发展,应用于模具设计制造过程中的材料和加工方法越来越多。在材料方面,如高强度合金钢、钛合金钢等,要求模具材料有更好的硬度,因此需要不断研发和应用新的模具材料。在加工方法方面,包括冲压工序的组合,依赖于模具结构创新的支持,以减少工序以降低成本。另外一个方向是研究新的冲压工艺,以达到更好的质量要求。随着科技的进步,设计人员应有较强的学习能力,紧跟时代科技的步伐,使模具的生产加工变得多样化。

技术性因素与非技术因素既相互独立又相互关联、相互结合,二者共同构成一个可持续发展的体系,共同推动着冲压模具行业向着更好的方向发展。在模具制造的过程中应综合考虑技术性因素与非技术因素,目标是使产品从设计、制造、包装、运输、使用到报废处理的整个产品生命周期中,对环境的负影响最小,资源使用率最高。因此,要求设计者在构思阶段就要优先考虑模具产品的环境属性,再考虑模具产品应用的基本属性。总的来说,在模具制造的整个生命周期中(包括设计、制造、包装、维护和回收再处理等阶段)都应该加入对非技术因素的考量。如设计过程中可以从模具材料的选择、延长模具使用寿命的设计、模具的可回收性设计、模具设计的标准化等方面考虑;制造阶段优先推广先进制造技术,包括高速切削技术、虚拟制造技术、快速成型制造技术等;为了达到模具的设计使用寿命,保证在试用期间一直能生产出合格的制品,必须对模具进行定期保养和维护。模具是制造业中使用量大、影响面广的工具产品,因此在模具整个制造周期中考虑非技术因素的影响具有重大的意义。

第3章 冲裁工艺及模具设计

本章内容有机融合工艺、设计、加工与设备等相关知识,采用"理论知识点→案例→项目→任务"的结构来进行叙述。本章将以一套典型的复合冲裁模具设计过程为主线,介绍模具设计思路、总体结构,详细讲述冲裁模具各部分零件的设计。

3.1 冲裁概述

冲裁是利用模具使板料产生分离的一种冲压工序。从广义上讲,冲裁是分离工序的总称,它包括落料、冲孔、切断、修边、切舌等多种工序。但一般来说,冲裁主要是指落料和冲孔工序。若使材料沿封闭曲线相互分离,将封闭曲线以内的部分作为冲裁件时,称为落料;将封闭曲线以外的部分作为冲裁件时,则称为冲孔。冲裁模就是落料、冲孔等分离工序使用的模具。冲裁模的工作部分零件与成形模不同,一般都具有锋利的刃口,以对材料进行剪切加工,并且凸模进入凹模的深度较小,以减少刃口磨损。冲裁的应用非常广泛,它既可以直接冲出所需形状的成品工件,又可以为其他成形工序(如拉深、弯曲、成形等)制备毛坯。根据变形机理的不同,冲裁可以分为普通冲裁和精密冲裁两类。

知识目标:

1)掌握冲裁工艺及模具设计基本理论。

2)熟悉冲裁模的设计程序及内容。

3)理解冲裁模的冲裁变形过程。

4)熟悉冲裁间隙大小对冲裁件质量的影响。

5)掌握典型冲裁模的总装配图设计。

能力目标:

1)能够用冲裁工艺与模具设计基本理论对实际问题进行分析。

2)能够进行冲裁件的工艺分析,制定多套冲裁方案,并进行比较,从而确定合理冲裁工艺方案。

3)能够进行冲裁件排样,计算模具刃口尺寸、冲裁力,选择合理的冲压设备。

4)能够设计冲裁模具,并绘制装配图和零件图。

5)能够编制冲压工序与工作零件的制造工艺。

3.2 冲裁工艺及模具设计基础

3.2.1 冲裁工艺

冲裁是利用模具使板料沿着一定的轮廓形状产生分离的一种冲压工序。根据变形机理的差异,冲裁可分为普通冲裁和精密冲裁。通常我们说的冲裁是指普通冲裁,它包括落料、冲孔、切口、剖切和修边等。对冲压件进行冲裁工艺方案分析,主要包括三方面,即冲裁过程分析、冲裁断面质量分析以及冲裁工艺性分析。以下除对这三方面进行介绍外,还会介绍其他冲裁设计相关内容。

1. 冲裁过程分析

冲裁过程是瞬间完成的。为了控制冲裁件的质量,研究冲裁件变形机理,需要分析冲裁时板料分离的实际过程。图 3-1 为连接板中心孔简单冲裁模的冲裁过程示意图。图中 1 为凸模,2 为凹模,凸模端部及凹模洞口边缘的轮廓形状与工件形状对应,并有锋利的刃口。凸模刃口轮廓尺寸略小于凹模,其差值称为冲裁间隙。

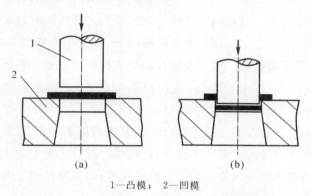

1—凸模；　2—凹模

图 3-1　简单冲裁模的冲裁过程示意图

冲裁金属板料的变形过程如图 3-2 所示。当冲裁模间隙合理时,冲裁变形过程可分为三个阶段,即弹性变形阶段、塑性变形阶段和断裂分离阶段。具体可以细分为:弹性变形—塑性剪切滑移—产生细微裂纹—裂纹生长与板料断裂。

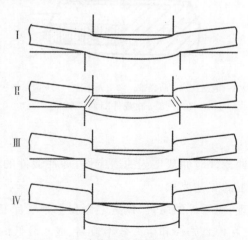

图 3-2　冲裁金属板料的变形过程

1)弹性变形阶段:凸模施加压力较小,材料产生弹性压缩,并略挤入凸模口,但材料内的应力未超过弹性极限,压力消除后仍能恢复原状。

2)塑性变形阶段:材料内的应力超过屈服点,凸模压入材料,产生纤维的拉伸和弯曲,得到光亮的剪切带。

3)断裂分离阶段：材料内的应力达到剪切强度，冲裁力达到最大值，光亮的剪切带终止。由于应力集中和出现拉应力，靠近凸模、凹模刃口处的材料出现裂纹。当凸模和凹模刃口间的间隙合理时，上、下裂纹向内扩展，最后重合使材料分离，形成粗糙的锥形剪裂带。

2. 冲裁断面质量分析

当冲裁模凸、凹模之间的间隙合理，模具刃口状况良好时，冲裁件断面的特征如图3-3所示。从图中可以看出，冲裁断面明显分为四个特征区，即圆角带、光亮带、断裂带和毛刺。

1)圆角带（又称塌角带）如图3-3中4所指部分，由弹性变形阶段产生初始塌角，其大小与材料塑性和模具间隙有关。材料的塑性越好，凸、凹模之间的间隙越大，形成的塌角越大。

2)光亮带（又称剪切带）如图3-3中3所指部分，产生于塑性变形阶段，断面较光洁、平整，且垂直于端面，是质量最佳的一段。普通冲裁中光亮带约占整个断面的 $1/3 \sim 1/2$ 以上。

3)断裂带如图3-3中2所指部分，是由撕裂造成的，表面粗糙而无光泽，并且有一定锥度。

4)毛刺如图3-3中1所指部分，呈竖直环状，紧挨着断裂带的边缘，是模具拉挤的结果。此外，由图3-3可知，冲裁件的断面并不整齐，仅较短一段的光亮带是柱体。若不计弹性变形的影响，冲孔件的光亮柱体部分尺寸近似等于凸模尺寸；而落料件的光亮柱体部分尺寸近似等于凹模尺寸。

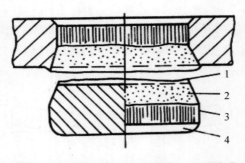

1—毛刺； 2—断裂带； 3—光亮带； 4—圆角带
图3-3 冲裁件断面的特征

3. 冲裁工艺性分析

冲裁件的工艺性是指冲裁件对冲裁工艺的适应性，即冲裁件的结构、形状、尺寸及公差等技术要求是否符合冲压加工的工艺要求。

冲裁件工艺性是否合理，对零件的质量、模具寿命和生产率有很大的影响。冲裁工艺性好是指能用普通的冲裁方法，在模具寿命和生产效率较高、成本较低的情况下得到质量合格的冲压件。因此一般从以下两方面进行分析。

（1）冲裁件的形状与尺寸要求

1)冲裁件形状应尽可能简单、对称，排样废料少。在满足质量要求的条件下，把冲裁件设计成少、无废料的排样形状，如图3-4所示。

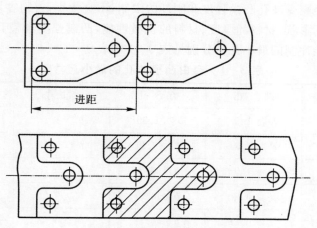

图 3-4　冲裁件排样形式

2)除少、无废料排样或采用镶拼模结构时,允许工件有尖锐的尖角外,冲裁件的外形或内孔交角处应采用圆角过渡,避免尖角,圆角半径 $R>0.25t$(t 为板厚)。常用的最小冲裁圆角可以通过查表得到。

3)尽量避免冲裁件上过长的悬臂与狭槽,如图 3-5 所示,应使它们的最小宽度 $b_{min} \geqslant 1.5t$。冲裁件孔与孔之间、孔与零件边缘之间的壁厚,因受模具强度和零件质量的限制,不能太小。当冲裁孔与孔或与边缘不平行时,$c \geqslant t$;平行时,$c_1 \geqslant 1.5t$。

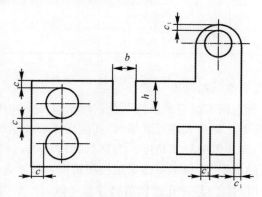

图 3-5　冲裁件孔与孔之间、孔与零件边缘之间的壁厚

4)若在弯曲或拉深件上冲孔,冲孔位置与件壁间距应满足图 3-6 的要求。

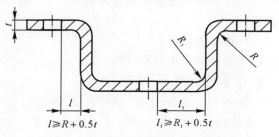

$l \geqslant R+0.5t$　　　$l_1 \geqslant R_1+0.5t$

图 3-6　弯曲或拉深件上的冲孔尺寸

5)冲裁件的孔径因受冲孔凸模强度和刚度的限制,不宜太小,否则容易折断和压弯。冲孔最小尺寸取决于孔的形状、材料的厚度、材料的机械性能、凸模强度和模具结构。用自由凸模和带护套的凸模所能冲制的最小孔径分别见表 3-1 和表 3-2。

表 3-1　自由凸模冲孔的最小尺寸　　　　　　　单位:mm

材　料	圆　孔	方　孔	圆长孔	方长孔
硬钢	$d \geqslant 1.5t$	$b \geqslant 1.35t$	$b \geqslant 1.1t$	$b \geqslant 1.2t$
中硬度钢	$d \geqslant 1.3t$	$b \geqslant 1.2t$	$b \geqslant 0.9t$	$b \geqslant 1.0t$
软钢	$d \geqslant 1.0t$	$b \geqslant 0.9t$	$b \geqslant 0.7t$	$b \geqslant 0.8t$
黄铜、铜	$d \geqslant 0.9t$	$b \geqslant 0.8t$	$b \geqslant 0.6t$	$b \geqslant 0.7t$
锌、铝	$d \geqslant 0.8t$	$b \geqslant 0.7t$	$b \geqslant 0.5t$	$b \geqslant 0.6t$
纸胶板	$d \geqslant 0.7t$	$b \geqslant 0.7t$	$b \geqslant 0.4t$	$b \geqslant 0.5t$
布胶板	$d \geqslant 0.6t$	$b \geqslant 0.5t$	$b \geqslant 0.3t$	$b \geqslant 0.4t$

表 3-2　带护套的凸模的最小尺寸　　　　　　　单位:mm

材　　料	圆形孔径 d	长方形孔宽 b
硬钢	$0.5t$	$0.4t$
软钢及黄铜	$0.35t$	$0.3t$
铝、锌	$0.3t$	$0.28t$

(2)冲裁件的尺寸精度和表面粗糙度

冲裁件的精度一般可分为精密级与经济级两类。精密级是指冲压工艺在技术上所允许的最高精度,而经济级是指模具达到最大许可磨损时,其所完成的冲压加工在技术上可以实现而在经济上又最合理的精度,即所谓的经济精度。为降低冲压成本,获得最佳的技术经济效果,在不影响冲裁件使用要求的前提下,应尽可能采用经济精度。对于普通冲裁件,其经济精度不高于 IT12 级。在 IT12～IT14 之间,冲孔件比落料件高一级。一般要求落料件公差等级最好低于 IT10 级,冲孔件精度最好低于 IT9 级。如果工件精度高于上述要求,则需在冲裁后整修或采用精密冲裁冲工件。冲裁件断面的表面粗糙度和允许的毛刺高度也应符合一定要求。

图 3-7 为连接板冲裁件及排样图,连接板制件为椭圆外形,制件中间有 2 个 $\phi11$ 的圆形孔。此冲裁件的工艺性如下:

1)冲裁件形状简单、对称,排样废料少。

2)冲裁件的外形或内孔交角处为圆角过渡,没有尖角。

3)冲裁件上没有过长的悬臂与狭槽。

4)冲裁件公差为 IT13,在 IT12～IT14 之间,属于普通冲裁件。

因此,此连接板中心圆孔冲裁件的结构、形状、尺寸及公差等技术要求符合冲压加工的工艺要求,可以采用冲压加工方法进行生产。

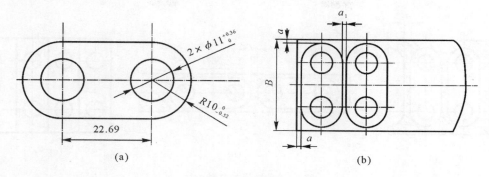

图 3 - 7　连接板冲裁件

(a)连接板；　(b)排样图

4.冲裁排样设计

(1)排样

冲裁件在板料、条料、带料等毛坯上的布置方式称为排样。

(2)排样的原则和方法

1)排样的原则。排样合理与否不但影响材料的经济利用率,还影响到制件的质量、模具的结构与寿命、制件的生产率和模具的成本等技术、经济指标。因此,排样时应考虑如下原则:

(a)提高材料利用率(不影响制件使用性能前提下,还可适当改变制件形状)。材料的利用率为制件面积与毛坯面积的比率。材料利用率按下式计算:

$$\eta = \frac{A_0}{A} \times 100\% \qquad (3-1)$$

式中:η—— 材料利用率;

　A_0—— 工件的实际面积;

　A—— 冲裁此工件所用材料面积,包括工件面积与废料面积。

(b)排样方法应使操作方便,劳动强度小且安全。

(c)尽量保证模具结构简单、寿命高。

(d)保证制件质量和制件对板料纤维方向的要求。

2)排样的方法。

(a)有废料排样法:沿制件的全部外形轮廓冲裁,制件与制件之间、制件与条料之间都留有工艺余料(称为搭边),冲裁后成为废料。因为留有搭边,所以制件质量和模具寿命较高,但材料利用率降低。

(b)少废料排样:沿制件的部分外形轮廓冲裁,只在制件与制件之间或制件与条料之间留有搭边。材料利用率有所提高。

(c)无废料排样:沿制件的全部外形轮廓冲裁,在制件与制件之间或制件与条料之间都不留搭边。无废料排样的材料利用率较高,材料只有料头和料尾损失,材料利用率可高达 85%~95%。

排样的几种方式具体如图 3-8 所示。

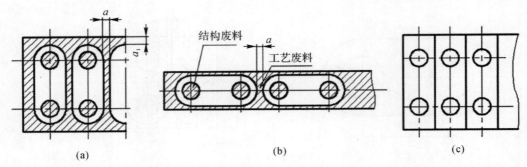

图 3-8 排样的几种方式

(3)搭边和料宽

搭边是指工件与工件之间、工件与条料侧边之间留有的一定距离(工艺余料)。

排样方案和搭边值确定后,即可确定条料或带料的宽度及进距。

条料宽度的确定原则:①最小条料宽度应保证冲裁时轮廓周边有足够的搭边值;②最大条料宽度应保证条料能在导料板内顺利地进给,条料与导料板之间有一定的间隙;③在确定条料宽度时,必须考虑模具结构中是否采用侧压装置或侧刃定距装置。

对于本实例中的冲裁件,采用落料和冲孔两道冲裁工序完成,第二道工序即如图 3-7(a)中的连接板冲裁件中的冲孔,是在第一道工序冲裁完得到的椭圆形落料件的基础上进行的,故不涉及排样。若对此冲裁件采用冲孔、落料复合冲裁模完成,则采用单排排样设计。查《中国模具设计大典:第 3 卷 冲压模具设计》(肖祥芷、王孝培主编,江西科学技术出版社,2003 年)(下文同)表 19.1-17[见图 3-8(a)],确定搭边值:工件间 $a_1=1.8$,侧边 $a=1.5$,则条料宽

$$B=43 \text{ mm}+2 \times a=46 \text{ mm}$$

条料的进距

$$h=20 \text{ mm}+a_1=21.8 \text{ mm}$$

由式(3-1)计算冲裁单件材料的利用率为

$$\eta=\frac{A}{B \times h} \times 100\%=\frac{(\pi \times 10^2+23 \times 20)-\frac{\pi}{4} \times 11^2}{46 \times 21.8} \times 100\%=67.7\%$$

5.冲裁压力计算

(1)冲裁力

冲裁力是指板料作用在凸模上的最大抗力。冲裁力是选择压力机的主要依据,也是设计模具所必需的数据。有

$$F_0=L \times t \times \tau \qquad (3-2)$$

式中:t—— 材料厚度,mm;

$\quad L$—— 冲裁轮廓周长,mm;

$\quad \tau$—— 材料抗剪强度,MPa;

$\quad F_0$—— 冲裁力,N。

在实际的冲裁过程中,还有多种因素可以对冲裁力产生影响,例如刃口磨损、间隙大小、间

隙分布的不均匀、材料力学性能的波动及材料厚度的波动等。因此,实际的冲裁力应增大30%。实际的冲裁力按下式计算:

$$F_0 = 1.3 \times L \times t \times \tau \tag{3-3}$$

(2)卸料力、推件力及顶件力

分析冲裁的变形过程时,当冲裁件从板料切下以后,冲裁件要沿径向发生弹性变形而扩张,而板料上的孔则沿着径向发生弹性收缩。同时,冲下的零件与余料还要力图恢复弹性穹弯。这两种弹性恢复的结果,使落料件梗塞在凹模内,而冲裁后剩下的板料则箍紧在凸模上。从凸模上将零件或废料取下来所需的力称卸料力,从凹模内顺着冲裁方向将零件或废料推出的力称为推件力,逆着冲裁方向把零件或废料从凹模洞内顶出的力称为顶件力(见图3-9)。

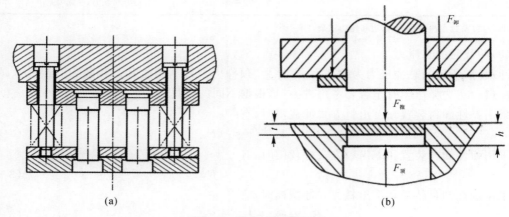

图 3-9　卸料、推件和顶件

(a)卸料及推件方式; (b)卸料力、推件力及顶件力

卸料力、推件力及顶件力将直接由压力机和卸料机构来负担,所以在选用冲压设备和设计模具的卸料机构时,必须考虑卸料力、推件力与顶件力。影响这些力的因素较多,主要有材料的力学性能、材料厚度、模具间隙、零件形状尺寸以及润滑情况等。因此要准确地计算这些力是困难的,一般用下列经验公式计算:

推件力

$$F_{推} = n K_{推} \times F_0 \tag{3-4}$$

顶件力

$$F_{顶} = n K_{顶} \times F_0 \tag{3-5}$$

卸料力

$$F_{卸} = n K_{卸} \times F_0 \tag{3-6}$$

式中: 　　　F_0—— 冲裁力;

　　　　　n—— 同时梗塞在凹模内的零件(或废料),$n = h/t$;

　　　　　h—— 凹模孔口的直刃壁高度;

　　　　　t—— 材料厚度;

　$K_{推}$、$K_{顶}$、$K_{卸}$—— 推件力、顶件力及卸料力系数,其值见表3-3。

表 3-3　卸料力、推件力、顶件力系数

材料	料厚/mm	$K_{推}$	$K_{顶}$	$K_{卸}$
钢	≤0.1	0.065~0.075	0.1	0.14
	>0.1~0.5	0.045~0.055	0.063	0.08
	>0.5~2.5	0.04~0.05	0.055	0.06
	>2.5~2.6	0.03~0.04	0.045	0.05
	>6.5	0.02~0.03	0.025	0.03
铝、铝合金		0.025~0.08	0.03~0.07	
紫铜黄铜		0.02~0.06	0.03~0.09	

注：卸料力系数在冲多孔、大搭边和轮廓复杂时取上限。

（3）冲裁时的总压力

冲裁时，所需的总冲压力为冲裁力、推件力、顶件力及卸料力之和。冲裁力、推件力、顶件力及卸料力在选择压床时是否要考虑进去，是根据不同的模具结构区别对待的。

采用弹性卸料装置和下出料方式冲裁模时，有

$$F_{总} = F_0 + F_{推} + F_{卸} \tag{3-7}$$

采用弹性卸料装置和上出料方式冲裁模时，有

$$F_{总} = F_0 + F_{顶} + F_{卸} \tag{3-8}$$

采用刚性卸料装置和下出料方式冲裁模时，有

$$F_{总} = F_0 + F_{推} + F_{卸} \tag{3-9}$$

（4）连接板中心圆孔冲裁件冲裁压力计算

1）连接板中心圆孔冲裁件冲裁力。对于本实例中的冲裁件，连接板中心圆孔的周长为

$$L = 2 \times \pi \times D = (22 \times \pi) \text{ mm} = 69.08 \text{ mm}$$

所以，由式（3-3）可得冲孔力为

$$F_0 = 1.3 \times L \times t \times \tau = (1.3 \times 69.08 \times 0.5 \times 80) \text{ N} = 3\,592.16 \text{ N}$$

2）连接板中心圆孔冲裁件卸料力及推件力。对于本实例中的冲裁件，采用图 3-10 的卸料及推件方式，推件力及卸料力分别按式（3-4）和式（3-6）计算，具体如下：

查表 3-3，取 $K_{推}$ 和 $K_{卸}$ 分别为 0.063 和 0.05，同时考虑梗塞在凹模内的废料，有

$$n = h/t = 3/0.5 = 6 \tag{3-10}$$

$$F_{推} = nK_{推} \times F_0 = (6 \times 0.063 \times 3\,592.16) \text{ N} = 1\,357.84 \text{ N}$$

$$F_{卸} = nK_{卸} \times F_0 = (6 \times 0.05 \times 3\,592.16) \text{ N} = 1\,077.65 \text{ N}$$

3）连接板中心圆孔冲裁件冲裁时的总压力。对于本实例中的冲裁件总冲裁力，由式（3-7）得

$$F_{总} = F_0 + F_{推} + F_{卸} = 6\,027.65 \text{ N}$$

6. 冲裁间隙的确定

冲裁间隙是指凸模与凹模刃口缝隙之间的距离，冲裁间隙对冲裁件断面质量、冲裁件尺寸精度、冲裁力及模具寿命有影响。冲裁间隙可根据理论确定法和经验确定法来确定。

（1）冲裁间隙理论确定法

　　理论确定法的主要依据是要保证裂纹重合，以便获得良好的断面。图 3 - 10 所示为冲裁过程产生裂纹的瞬时状态。从图中的 $\triangle ABC$ 可求得间隙 Z，即

$$Z = 2(t - h_0)\tan\beta = 2t(1 - h_0/t)\tan\beta \tag{3-11}$$

式中：h_0—— 凸模模压入深度；

　　　　β—— 最大剪应力与垂线间夹角。

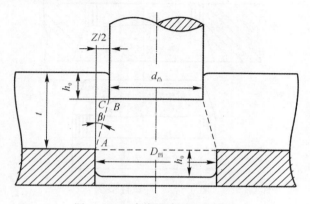

图 3 - 10　冲裁间隙理论确定法

　　由于各种材料的 h_0 和 β 目前还没有准确的测定数值，而且生产中使用这种计算法也不方便，故目前广泛采用经验公式与图表法。

　　(2) 冲裁间隙经验确定法

　　经验确定法可以按厚度确定间隙值及直接查表确定间隙值。

　　按厚度确定的间隙值：根据材料的性质与厚度，按下式确定凸凹模的最小（双向）间隙值：

$$Z_{\min} = Kt \tag{3-12}$$

式中：K—— 与材料性质有关的系数；

　　　　t—— 材料厚度。

　　软材料，如 08、10、黄铜、紫铜等，$Z_{\min} = (0.08 \sim 0.1)t$；中性材料，如 Q235、Q255、20、25 等，$Z_{\min} = (0.1 \sim 0.12)t$；硬材料，如 Q295、50 等，$Z_{\min} = (0.012 \sim 0.14)t$。其中薄料取下限。

　　(3) 连接板中心圆孔冲裁间隙的确定

　　对于本实例中的冲裁件，根据经验确定法，可以按照式(3 - 12)确定其间隙值。$Z_{\min} = (0.1 \sim 0.12)t = 0.05 \sim 0.06$ mm，取间隙值为 $Z_{\min} = 0.05$ mm，$Z_{\max} = 0.1$ mm。

　　7. 冲裁模刃口尺寸的计算

　　(1) 尺寸计算原则

　　模具刃口尺寸精度是影响冲裁件尺寸精度的首要因素，模具的合理间隙值也要靠模具刃口尺寸与公差来保证。但正确地确定刃口部分尺寸及其公差的依据有以下几方面：

　　1) 由于凸、凹模之间存在间隙，因此落下的料或冲出孔都是带有锥度的(见图 3 - 11)，且落料件的大端尺寸等于凹模尺寸，而冲孔件的小端尺寸等于凸模尺寸。

　　2) 用游标卡尺测量落料件尺寸时，测得的是大端尺寸；测量孔径时，测得的是小端尺寸(见图 3 - 12)。

　　3) 在装配时，落料件相当于轴，以其大端尺寸与孔相配，而冲孔件的孔以小端尺寸与轴

配合。

4)在生产中,凸、凹模要与冲裁零件或废料发生摩擦,凸模愈磨愈小,凹模愈磨愈大,使间隙愈用愈大。

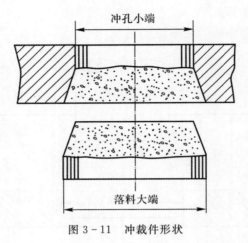

图 3-11 冲裁件形状

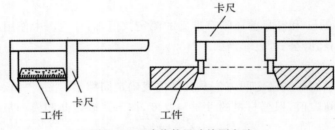

图 3-12 冲裁件尺寸检测方法

因此,在确定模具刃口尺寸及其制造公差时,必须考虑下述原则:

1)确定基准件。落料件尺寸由凹模尺寸决定,冲孔件的尺寸由凸模尺寸决定。在设计落料模时,以凹模为基准,间隙留在凸模上;在设计冲孔模时,以凸模为基准,间隙留在凹模上。

2)确定模具最大实体尺寸。考虑到模具使用中的磨损,设计落料模时,凹模的基本尺寸应取接近或等于制件的最小极限尺寸;设计冲孔模时,凸模的基本尺寸应取接近或等于制件的最大极限尺寸。凸、凹模间隙则取最小合理间隙,以保证凸、凹模磨损到一定的值后,仍能冲出合格的零件。

3)确定模具制造公差。一般模具精度高于制件精度 2~3 级。若制件未标注尺寸公差,按 IT14 级处理,模具精度取 IT11 级。

(2)刃口尺寸的计算方法

由于模具加工和测量方法的不同,凹模与凸模刃口部分尺寸的计算公式与制造公差的标注也不同,基本上可分为两种:一种是凸模与凹模分开加工,另一种是凸模与凹模配合加工。与其相应的尺寸计算方法也不同。

方法一:凸模与凹模分开加工。凸模与凹模分开加工时,要分别标注凸模和凹模刃口尺寸与制造公差,这种方法适用于圆形或简单形状的工件,只符合下列条件:

$$\delta_p + \delta_d \leqslant Z_{max} - Z_{min} \tag{3-13}$$

$$\delta_p = 0.4(Z_{max} - Z_{min}) \tag{3-14}$$

或取

$$\delta_d = 0.6(Z_{max} - Z_{min}) \tag{3-15}$$

现对冲孔和落料两种情况分别讨论如下：

1) 冲孔。设工件孔的尺寸为 $d + \Delta$（Δ 为工件公差）。根据以上原则,冲孔时首先确定凸模刃口尺寸,使凸模公称尺寸接近或等于工件孔的最大极限尺寸,再增加凹模尺寸以保证最小合理间隙 Z_{min}。凸模制造偏差取负偏差,凹模制造偏差取正偏差,其计算公式如下：

$$d_p = (d + x\Delta)_{-\delta_p}^{0} \tag{3-16}$$

$$d_d = (d_p + Z_{min})_{0}^{+\delta_d} = (d + x\Delta + Z_{min})_{0}^{+\delta_d} \tag{3-17}$$

各部分分配位置如图 3-13 所示。

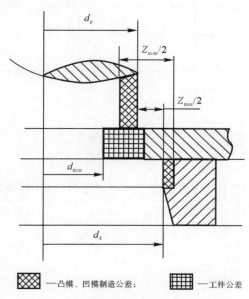

■—凸模、凹模制造公差;　　▦—工件公差

图 3-13　冲孔时各部分分配位置

2) 落料。设工件孔的尺寸为 $D - \Delta$。根据上述原则,落料时首先确定凹模尺寸。凹模公称尺寸接近或等于工件轮廓的最小极限尺寸,再减小凸模尺寸以保证最小合理间隙 Z_{min}。各部分分配位置如图 3-14 所示,其计算公式如下：

$$D_d = (D - x\Delta)_{0}^{+\delta_d} \tag{3-18}$$

$$D_p = (D - Z_{min})_{-\delta_p}^{0} = (D - x\Delta - Z_{min})_{-\delta_p}^{0} \tag{3-19}$$

式(3-16) ~ 式(3-19) 中：

d_p、d_d —— 冲孔凸模和凹模直径,mm;

D_p、D_d —— 落料凸模和凹模直径,mm;

d、D —— 冲孔零件孔径和落料工件外径的公称尺寸,mm;

Z_{min} —— 最小合理间隙（双间）,mm;

δ_p、δ_d —— 凸模与凹模的制造公差,其值可查表 3-4,mm;

$x\Delta$ —— 磨损量,mm。

其中磨损系数 x 是为了使冲裁件的实际尺寸尽量接近冲裁件公差带的双间尺寸，x 值在 $0.5\sim1$ 之间，与制造精度等级有关，可查表 3-5 或者按下列关系选取：

工件精度 IT10 级以下，$x=1$；工件精度 IT10~IT9 级以下，$x=0.75$；工件精度 IT7 以上，$x=0.5$。

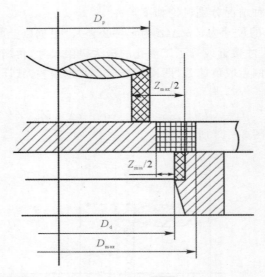

一凸模、凹模制造公差；　　■一工件公差

图 3-14　落料时各部分分配位置

表 3-4　规则形状（圆形、方形件）冲裁时凸模、凹模的制造公差

基本尺寸/mm	凸模偏差 δ_p/mm	凹模偏差 δ_d/mm	基本尺寸/mm	凸模偏差 δ_p/mm	凹模偏差 δ_d/mm
≤18	0.020	0.020	>180~260	0.030	0.045
>18~30	0.020	0.025	>260~360	0.035	0.050
>30~80	0.020	0.030	>360~500	0.040	0.060
>80~120	0.025	0.035	>500	0.050	0.070
>120~180	0.030	0.040			

表 3-5　系数 x

材料厚度 t/mm	系数 x				
	非圆形			圆形	
	1	0.75	0.5	0.75	0.5
	工件公差 Δ/mm				
1	<0.16	0.17~0.35	≥0.36	<0.16	≥0.16
1~2	<0.20	0.21~0.41	≥0.42	<0.20	≥0.20
2~4	<0.24	0.25~0.49	≥0.50	<0.24	≥0.24
>4	<0.30	0.31~0.59	≥0.60	<0.30	≥0.30

方法二：凸模与凹模配合加工。此方法是先做好其中的一件（凸模或凹模）作为基准件，然后以此基准件为标准来加工另一件，使它们之间保持一定的间隙。此时只在基准件上标注尺寸和制造公差，另一件只标注公称尺寸并注明配做间隙值。这样 δ_p、δ_d 不再受间隙限制，根据经验一般可取 $\delta = \Delta/4$。这种方法不仅容易保证凸、凹模很小的间隙，而且还可放大基准件的制造公差，使零件制造方便，故目前一般工厂都采用此种方法。

（3）连接板中心圆孔的冲裁刃口尺寸的计算

在连接板中心圆孔的冲压中，采用凸、凹模分开计算的方法进行刃口尺寸的计算。由表（3-4）查出 $\delta_p = 0.02$ 和 $\delta_d = 0.02$，$Z_{min} = 0.05$ mm 和 $Z_{max} = 0.1$ mm，满足式（3-14）的要求，因此可以利用式（3-17）和式（3-18）分别计算出冲孔凸模和凹模的刃口尺寸。其中 x 由表（3-5）查出，为 0.5，制件公差 $\Delta = 0.36$，最后求出 $d_p = 11.18_{-0.02}^{0}$ 和 $d_d = 11.23_{0}^{+0.02}$。

3.2.2　冲裁模具

1. 冲裁模具分类

冲裁模具按工序性质分类，主要形式有落料模、冲孔模、切断模及切口模等。

按工序的组合程度可分为：①简单模，在一副模具中只完成一个工序的冲模。②连续模（又称级进模或跳步模），在一副模具中，在不同位置上完成两个或多个工序而最后将工件与条料分离的冲模。③复合模，在同一副模具中，在同一位置上完成几个不同工序的冲模，如落料、冲孔复合模。

2. 冲裁模总体设计

冲裁模总体设计包括压床选择、压力中心计算、冲模结构的选择。

（1）压床选择

压床（即压力机）选择一般包括压床类型与压床规格两方面。由于冲裁工作行程与压床行程相比很小（相差小于 5%），故除导板模要求使用行程可调节的偏心压床外，一般对压床类型没有特殊要求。因此着重讨论压床规格的选择。压床规格的主要技术参数有吨位、闭合高度、行程和台面尺寸等。

1）压床吨位：对于冲裁工序，可按冲裁所需的压力来选择压床，即

$$F_{公} \geqslant \sum F \qquad (3-20)$$

式中：$F_{公}$—— 压床的公称压力，N；

$\sum F$—— 完成冲裁工序所需的总压力，包括冲裁变形力、弹性卸料力和推件力等，N。

冲裁如果和拉深或弯曲工序复合，冲模工作行程就要按拉深或弯曲行程计算。当工作行程与压床行程相比较大（相差超过 5%）时，所选压床的许用压力曲线在曲轴全部转角内应高于冲压变形力曲线。

2）压床的闭合高度：冲模的闭合高度应和压床的闭合高度相适应。

冲模闭合高度即冲模在最低工作位置时，上、下模板之间的距离（$H_{模}$）。压床闭合高度即滑块在下死点位置时，滑块下端面至压床垫板间的距离（H）。当连杆调至最短时为压床的最大闭合高度 $H_{最大}$，连杆调至最长时为压床的最小闭合高度 $H_{最小}$。如图 3-15 所示，冲模的闭

合高度与压床的闭合高度关系为

$$H_{最大} - 5 \text{ mm} \geqslant H_{模} \geqslant H_{最小} + 10 \text{ mm} \tag{3-21}$$

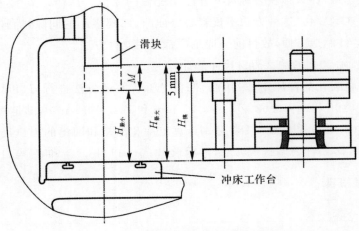

图 3-15　冲模与压床闭合高度关系

3)压床行程:压床的曲轴旋转一周时,滑块上下移动的距离称为压床的行程。压床的行程必须满足工艺要求。冲床的工作行程小,压床行程一般能满足使用要求。导板模要求压床的行程小且可调节。对于落料拉深复合模,压床行程必须大于拉深高度两倍以上,以便放入毛坯和取出工件。

4)压床台面尺寸:压床台面尺寸应大于冲模下模板的外形尺寸,并要留有固定冲模的位置。

(2)压力中心计算

模具压力中心是指冲压时诸冲压力合力的作用点位置。为了确保压力机和模具正常工作,应使冲模的压力中心与压力机滑块的中心相重合。对于带有模柄的冲压模,压力中心应通过模柄的轴心线。否则会使冲模和压力机滑块产生偏心载荷,使滑块和导轨之间产生过大的磨损,模具导向零件磨损加速,模具和压力机的使用寿命降低。

对于多凸模冲孔的复合模具,首先选择基准坐标,确定各孔中心的坐标位置(见图3-16),然后按下式进行计算:

$$X_0 = \frac{S_1 x_1 + S_2 x_2 + \cdots + S_n x_n}{S_1 + S_2 + \cdots + S_n} \tag{3-22}$$

$$Y_0 = \frac{S_1 y_1 + S_2 y_2 + \cdots + S_n y_n}{S_1 + S_2 + \cdots + S_n} \tag{3-23}$$

式中:　　　　X_0——压力中心至 y 轴的距离,mm;

　　　　　　Y_0——压力中心至 x 轴的距离,mm;

$S_1, S_2, \cdots, S_n$——各冲裁周长;

$x_1, x_2, \cdots, x_n$——各冲裁中心横坐标;

$y_1, y_2, \cdots, x_n$——各种裁中心纵坐标。

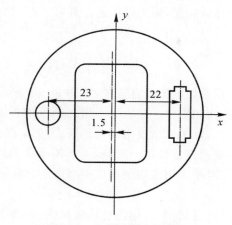

图 3 - 16　多凸模冲孔模具

（3）冲裁模结构的选择

选择冲裁模结构,是将冲裁模各部分结构初步确定下来,以便绘制工序草图和进行零部件设计。

1）正装、倒装结构的选择。

（a）落料凹模装在下模的正装复合模上,其结构特点是:采用弹性顶件器将工件从凹模向上顶出,故冲出的工件较平直;冲孔废料从上模中的凸凹模内推出,不积存在凸凹模内,故凸凹模不易胀裂,容许壁厚小一些。但冲孔废料掉在下模面上,清除困难且不安全,给操作带来不便,如来不及清除就进行下一次冲裁时,容易损坏刃口。因此,正装复合模一般在工件要求较平整、冲裁薄板料、孔公差较小、孔边距小以及落料冲孔兼成形工序时,或是只有一个孔的薄工件、孔的废料不难清除等情况下才使用。

（b）倒装复合模的特点是:孔的废料经压力机台孔下落,不需清除废料,操作较方便;在下模能安装力量可调的卸料装置,卸料可靠,是工厂常用的一种结构。对较小的工件,一般较少采用压料,由于工件在没有压紧下冲裁,平直度较差,同时凸凹模内要积存废料,使胀力增大。

2）卸料装置的选择。

选择冲模结构时,需考虑和工作部分配合使用的其他结构。例如卸料装置就是用来卸除卡在凸模上的废料的。不同形式的卸料装置,应用于不同的场合。

（a）固定卸料板:一般安装于下模。它结构简单,卸料力大,卸料可靠,操作安全,多用于简单和连续模,尤其适用于冲裁较厚的材料。但冲裁工件的精度与平直度较低。固定卸料板若和凸模滑配制出时,还可兼作导板。

（b）弹性卸料板:除卸料外,在冲裁时兼起压料作用,故冲出的工件弯曲程度小,尺寸精度较高。装于上模的弹性卸料板,其卸料力较小,且不能调节。装于下模的弹性卸料板有两种:一种将弹性元件置于卸料板与凸模固定板之间;一种在下模下面安装缓冲器。前者卸料力较小,后者卸料力较大并可调节。

3）推件装置的选择。从凹模孔内推出工件的装置有两种形式:装于上模的称推件器,系刚性推件,比较可靠;装于下模的是顶件器,弹性反向顶出工件,并对工件有压平作用。推件装置的选择要和工作部分结合起来考虑。

此外,上、下模是否采用导向装置,采用导板还是导杆、导套结构等这些问题,都要在冲模总体设计时考虑。

3.冲裁模主要零部件设计

(1)工作部分零件设计

1)冲裁凸模的设计。凸模常用的形式有三种,如图3-17所示。其工作部分尺寸根据工件尺寸通过计算决定,断面形状和工件一致。为了增加凸模的强度和刚度,可做成多级台阶。台阶之间要圆滑过渡,以免应力集中。凸模用固定板固定,如果凸模是压入固定板则采用过渡配合;如果是采用黏结力法,则固定板要留出间隙,而凸模不做出肩台。凸模和固定板装配后要求垂直,断面需一起磨平。对于采用线切割和成型磨削的非圆形凸模,要制成没有台阶的等断面。

凸模(以及凹模、导套等)的黏结剂,常用的有环氧树脂、低熔点合金和无机黏结剂三种。

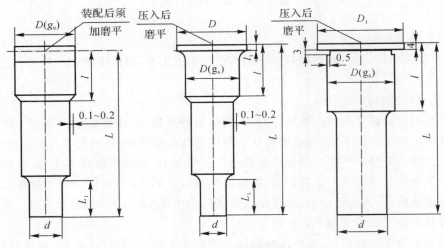

图 3-17　凸模常用的形式

（a）凸模的长度根据冲模结构的要求来定,还要考虑留出修模余量,如图3-17所示,长度 L 为

$$L = h_1 + h_2 + h_3 + (10 \sim 20) \ \text{mm} \qquad (3-24)$$

式中:h_1——凸模固定板厚度,mm;

h_2——卸料板厚度,mm;

h_3——导尺厚度,mm。

（b）凸模强度计算。在一般情况下,凸模强度不需计算,只有当凸模断面较小而冲裁力较大或凸模较长时,才对凸模强度进行验算。校核时对于特别细长的凸模,应进行压应力和弯曲力校核,检查其危险断面尺寸和自由长度是否满足强度要求。

（c）冲孔凸模加垫板的校核:

圆形冲孔凸模承受的压应力 $\sigma_\text{压}$,按下式计算:

$$\sigma_\text{压} = P/F = P/0.758 \, D^2 \qquad (3-25)$$

式中:P——冲孔力,kN;

F——冲孔凸模承受面积,mm^2;

D——冲孔凸模承受面的直径,mm。

2)冲裁凹模的设计。凹模形式按刃口孔形区分,如图 3-18 所示。

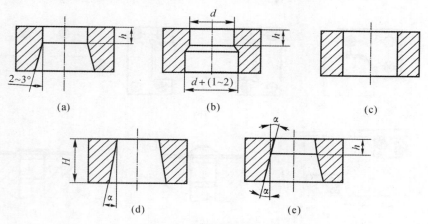

图 3-18　凹模常用的形式

凹模的孔形参数按工件材料厚度选取。凹模外形尺寸和最小壁厚如图 3-19 所示,可按如下经验公式计算:

$$H = kb \qquad (3-26)$$

式中:k——系数;

b——冲裁件最大外形尺寸,mm。

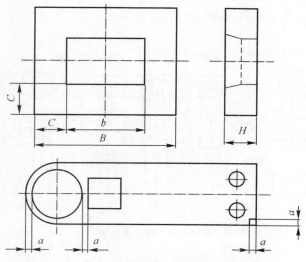

图 3-19　凹模的外形尺寸

凹模工作时,在冲裁力作用下主要是受弯曲力,一般情况下不进行强度校核,只有当凹模尺寸过小、过薄时才有必要。

(2)定位零件设计

冲模定位装置用以保证材料的正确送进及在冲模中的准确位置。使用条料时,保证条料送进导向的零件有导料销、导尺等,保证条料进距的零件有挡料销、定距侧刃等;在连续模中保证工件孔与外形相对位置用导正销。单个毛坯采用定位销或定位板,如图 3-20 所示。

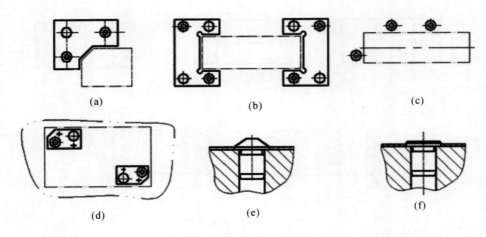

图 3-20 定位板和定位销

(3)卸料与推件零件设计

卸料装置有刚性与弹性卸料板和废料切刀等形式。对于正装模,弹性卸料板安装于上模,卸料力较小,如图 3-21(a)所示。装于下模的弹性卸料板有两种:一种是将弹簧或橡皮放置在下模板上,其卸料力较小,如图 3-21(b)所示;一种是在下模板或压床工作台下面安装弹性缓冲器,其卸料力较大,并可调节,如图 3-21(c)所示。

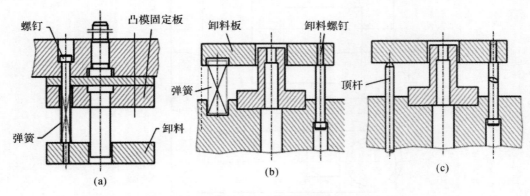

图 3-21 弹性卸料板

(4)导向零件设计

对生产批量大、要求模具寿命长、工件精度高的冲裁模,都需采用导向装置,以保证下模的精确导向。常用的导向零件有导板和导柱两种。导柱模使用广泛,导向零件已经标准化,导柱、导套和上、下模板组成的模架也都已标准化。导柱常用两个。根据导柱在模板上的安装位置分为后侧导柱、中间导柱和对角导柱三种。普通冲裁模常用后侧导柱模架,可以从三面送料,操作方便。对角导柱和中间导柱的模架,其导向更为精确。

(5)连接零件设计

冲模连接零件主要包括模柄,上、下模板,凸模固定板以及螺钉、销钉等。除凸模固定板、垫板外,其余零件都已标准化,可以按需选用或参照标准另行设计。

4.连接板中心圆孔的冲裁模设计案例

(1)连接板中心圆孔的冲裁模冲压压力机的选择

先选择本实例中冲裁件的冲压压力机。由式(3-7)计算得

$$F_总 = F_0 + F_推 + F_卸 = 6\ 027.65\ \text{N}$$

公称压力约为 6 kN,故选取公称压力为 3.15 t(31.5 kN)的压力机。由《中国模具设计大典》查得压力机为 J23-3.15,其各项技术参数见表 3-6。

表 3-6　开式双柱可倾压力机(J23-3.15)技术参数

参数名称		数值	参数名称		数值
公称压力/t		3.15	滑块行程/mm		25
滑块行程次数/(次·min^{-1})		200	滑块中心线至床身距离/mm		90
闭合高度调节量/mm		25	最大闭合高度/mm		120
工作台尺寸/mm	前后	160	模柄孔尺寸/mm	直径	25
	左右	250		深度	45
垫板尺寸/mm	孔径	110	垫板尺寸/mm	厚度	25

(2)连接板中心圆孔的冲裁模压力中心的确定

对于本实例中的冲裁件,冲模的压力中心与制件外形的几何中心重合。

(3)连接板中心圆孔的冲裁模模具结构

对于本实例中的冲裁件,选用凸模在上、凹模在下的模具结构,模具中采用弹性卸料板卸料,孔中的废料由下模排料口排出。

(4)连接板中心圆孔的冲裁模凸模的设计

连接板中心圆孔的冲裁模,凸模断面为简单圆形,故采用台阶形式。其工作部分尺寸根据工件尺寸通过计算决定,断面形状和工件一致。由式(3-24)可得凸模长度 L 为

$$L = h_1 + h_2 + h_弹 + (10 \sim 20)\ \text{mm} = (16 + 10 + 20)\ \text{mm} = 56\ \text{mm}$$

(5)连接板中心圆孔的冲裁模凹模的设计

连接板中心圆孔的冲裁模,凹模形式选择图 3-18 的(b)型,凹模尺寸按式(3-26)计算,结合 H 必须大于 15 mm 及模具结构的要求,取凹模板的厚度 $H=15$ mm。

(6)连接板中心圆孔的冲裁模定位零件的设计

连接板中心圆孔的冲裁模,因为是单个毛坯,采用定位销定位,如图 3-22 所示。

(7)连接板中心圆孔的冲裁模卸料与推件零件的设计

连接板中心圆孔的冲裁模,采用如图 3-21(a)所示的安装于上模的弹性卸料装置。

(8)连接板中心圆孔的冲裁模导向零件的设计

连接板中心圆孔的冲裁模,采用后侧导柱模架。

(9)连接板中心圆孔的冲裁模连接零件的设计

连接板中心圆孔的冲裁模采用标准连接零件——螺钉和销钉。

(10)连接板中心圆孔的冲裁模装配图和主要零件图

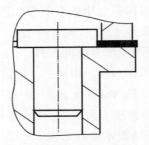

图 3-22　定位板和定位销

连接板中心圆孔的冲裁模装配图如图 3-23 所示,条料从左侧进料后,上模部分在压力机的作用下下行,凸模下压冲孔,废料从凹模下方排出;完成冲裁动作后,上模座在压力机的作用下上移,制件在卸料板的作用下与凸模脱离,完成卸料。凸模、凹模、卸料板、凸模固定板零件图如图 3-24～图 3-27 所示。

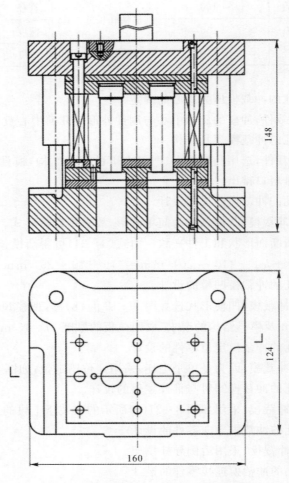

图 3-23　连接板中心圆孔的冲裁模装配图

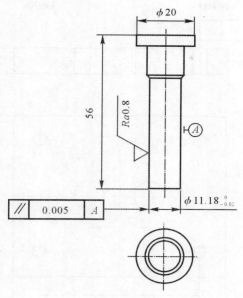

图 3-24　凸模

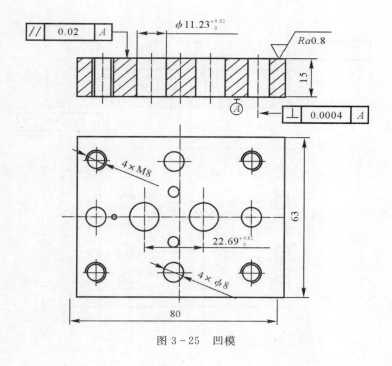

图 3-25　凹模

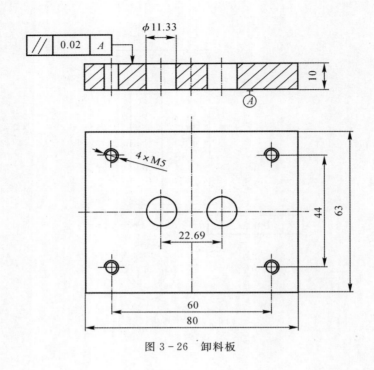

图 3 - 26 卸料板

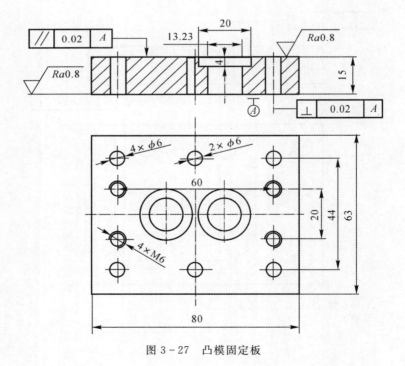

图 3 - 27 凸模固定板

3.3　案例一：冲孔落料复合冲裁模具设计

案例任务：生产图 3-28 所示的冲孔落料件，根据图上的基本尺寸，选择合适的生产加工方法进行大批量生产。

制件描述：制件如图 3-28 所示，材料为 Q235 钢，材料厚度为 2 mm，制件尺寸精度按图纸要求，大批量生产。

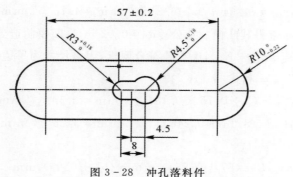

图 3-28　冲孔落料件

3.3.1　冲裁过程分析

（1）材料分析

Q235 为普通碳素结构钢，具有较好的冲裁成形性能。

（2）结构分析

零件结构简单对称，无尖角，对冲裁加工较为有利。零件中部有一异形孔，孔的最小尺寸为 6 mm，满足冲裁最小孔径 $d_{\min} \geqslant 1.0t = 2$ mm 的要求。另外经计算，异形孔距零件外形之间的最小孔边距为 5.5 mm，满足冲裁件最小孔边距 $l_{\min} \geqslant 1.5t = 3$ mm 的要求。所以，该零件的结构满足冲裁的要求。

（3）精度分析

零件上有 4 个尺寸标注了公差要求，由公差表查得其公差要求都为 IT13，普通冲裁可以达到零件的精度要求。对于未注公差尺寸，按 IT14 精度等级查补。

由以上分析可知，该零件可以用普通冲裁的加工方法制得。

3.3.2　凸模与凹模刃口尺寸计算

根据零件形状特点，刃口尺寸计算采用分开加工。

（1）落料件凸凹模尺寸

由尺寸 $R10_{-0.22}^{0}$ mm，可查得凸、凹模最小间隙 $Z_{\min} = 0.246$ mm，最大间隙 $Z_{\max} = 0.360$ mm，凸模制造公差 $\delta_T = 0.02$ mm，凹模制造公差 $\delta_A = 0.03$ mm。将以上各值代入 $\delta_T + \delta_A \leqslant Z_{\max} - Z_{\min}$ 校验，符合要求，所以可按式（3-17）和式（3-18）计算工作零件刃口尺寸。即

$$D_{A1} = (10 - 0.75 \times 0.22)^{+0.03}_{0} \text{ mm} = 9.835^{+0.03}_{0} \text{ mm}$$

$$D_{T1} = (9.835 - 0.246)^{0}_{-0.03} \text{ mm} = 9.589^{0}_{-0.02} \text{ mm}$$

（2）冲孔凸凹模尺寸

由尺寸 $R4.5^{+0.18}_{0}$ mm，查得其凸模制造公差 $\delta_T = 0.02$ mm，凹模制造公差 $\delta_A = 0.03$ mm。将以上各值代入 $\delta_T + \delta_A \leqslant Z_{max} - Z_{min}$，经校验符合要求，因该尺寸为单边磨损尺寸，所以计算时冲裁间隙减半，由式（3-15）和式（3-16）得

$$d_{T1} = (4.5 + 0.75 \times 0.18)^{0}_{-0.02} \text{ mm} = 4.64^{0}_{-0.02} \text{ mm}$$

$$d_{A1} = (4.64 + 0.246/2)^{+0.02}_{0} \text{ mm} = 4.76^{+0.02}_{0} \text{ mm}$$

由尺寸 $R3^{+0.18}_{0}$ mm，查得其凸模制造公差 $\delta_T = 0.02$ mm，凹模制造公差 $\delta_A = 0.02$ mm。将以上各值代入 $\delta_T + \delta_A \leqslant Z_{max} - Z_{min}$，经校验符合要求，因该尺寸为单边磨损尺寸，所以计算时冲裁间隙减半，由式（3-15）和式（3-16）得

$$d_{T1} = (3 + 0.75 \times 0.18)^{0}_{-0.02} \text{ mm} = 3.14^{0}_{-0.02} \text{ mm}$$

$$d_{A1} = (3.14 + 0.246/2)^{+0.02}_{0} \text{ mm} = 3.26^{+0.02}_{0} \text{ mm}$$

（3）中心距

对于 (57 ± 0.2) mm，$L = (57 \pm 0.2/4)$ mm $= (57 \pm 0.05)$ mm。

对于 (7.5 ± 0.12) mm，$L = (7.5 \pm 0.12/4)$ mm $= (7.5 \pm 0.03)$ mm。

对于 (4.5 ± 0.12) mm，$L = (4.5 \pm 0.12/4)$ mm $= (4.5 \pm 0.03)$ mm。

3.3.3 冲裁件的工艺性

此落料冲孔件冲压工艺方案如下：

方案一：先落料，后冲孔。采用两套单工序模生产。

方案二：落料-冲孔复合冲压，采用复合模生产。

方案三：冲孔-落料连续冲压，采用连续模生产。

方案一模具结构简单，但需两道工序、两副模具，生产效率低，零件精度较差，在生产批量较大的情况下不适用。方案二只需一副模具，冲压件的形位精度和尺寸精度易保证，且生产效率高。尽管模具结构较方案一复杂，但由于零件的几何形状较简单，模具制造并不困难。方案三也只需一副模具，生产效率也很高，但与方案二比生产的零件精度稍差。欲保证冲压件的形位精度，需在模具上设置导正销导正，模具制造、装配较复合模略复杂。

因此，比较三个方案后，采用方案二生产。现对复合模中凸凹模壁厚进行校核，当材料厚度为 2 mm 时，可查得凸凹模最小壁厚为 4.9 mm，现零件上的最小孔边距为 5.5 mm，所以可以采用复合模生产，即采用方案二。

3.3.4 排样

分析零件形状，应采用单直排的排样方式，零件可能的排样方式如图 3-29 所示。

比较方案（a）和方案（b），方案（b）所裁条料宽度过窄，剪板时容易造成条料的变形和卷曲，所以应采用方案（a）。现选用 4 000 mm×1 000 mm 的钢板，则需计算采用不同的裁剪方

式时,每张板料能出的零件总个数。

1)裁成宽 81.4 mm、长 1 000 mm 的条料,则一张板材能冲压的零件总个数为

$$\left[\frac{4\ 000}{81.4}\right]\times\left[\frac{1\ 000}{22}\right]=49\times45=2\ 205$$

式中:[ ]表示取整。

2)裁成宽 81.4 mm、长 4 000 mm 的条料,则一张板材能冲压的零件总个数为

$$\left[\frac{1\ 000}{81.4}\right]\times\left[\frac{4\ 000}{22}\right]=12\times181=2\ 172$$

比较以上两种裁剪方法,应采用第 1 种裁剪方式,即裁为宽 81.4 mm、长 1 000 mm 的条料,其具体排样图如图 3-30 所示。

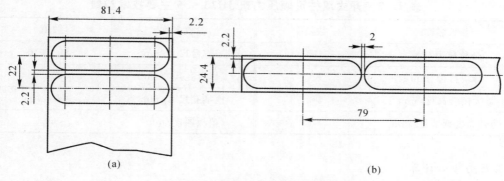

图 3-29　零件的两种可能排样方式

(a)纵排;　(b)横排

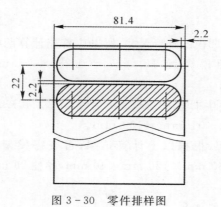

图 3-30　零件排样图

3.3.5　冲裁力和压力中心的计算

本案例中零件的周长为 216 mm,材料厚度 2 mm,Q235 钢的抗剪强度取 350 MPa,则由式(3-3)计算冲裁该零件所需冲裁力为

$$F=(1.3\times216\times2\times350)\ \text{N}=196\ 560\ \text{N}\approx197\ \text{kN}$$

模具采用弹性卸料装置和推件结构,所以所需卸料力 F_X 和推件力 F_T 分别由式(3-4)和

式(3-6)计算,得

$$F_X = K_X F = (0.05 \times 197) \text{ kN} = 9.85 \text{ kN}$$

$$F_T = N K_T F = (3 \times 0.055 \times 197) \text{ kN} \approx 32.50 \text{ kN}$$

根据式(3-7),零件所需的冲压力为

$$F_总 = F + F_X + F_T = (197 + 9.85 + 32.5) \text{ kN} = 239.35 \text{ kN}$$

初选设备为开式压力机 J23-35。

3.3.6 冲裁模主要部件和零件的设计与选用

1. 冲压设备的选用

根据冲压力的大小,选取开式双柱可倾压力机 JH23-35,其主要技术参数见表3-7。

表 3-7 开式双柱可倾压力机 JH23-35 主要技术参数

参数名称	数值	参数名称	数值
公称压力/kN	350	工作台尺寸/mm	380×610
滑块行程/mm	80	工作台孔尺寸/mm	200×290
最大闭合高度/mm	280	模柄孔尺寸/mm	$\phi50 \times 70$
闭合高度调节量/mm	60	垫板厚度/mm	60

2. 压力中心计算

零件为对称件,中间的异形孔虽然左右不对称,但孔的尺寸很小,左右两边圆弧各自的压力中心距零件中心线的距离差距很小,所以该零件的压力中心可近似认为是零件外形中心线的交点。

3. 标准模架的选用

标准模架的选用依据为凹模的外形尺寸,所以应首先计算凹模周界的大小。由凹模高度和壁厚的计算公式得,凹模高度 $H = kb = 0.28 \times 77$ mm ≈ 22 mm,凹模壁厚 $c = (1.5 \sim 2)H$。

因此,由式(3-24)计算得,凹模的总长为 $L = (77 + 2 \times 40)$ mm $= 157$ mm(取 160 mm),凹模的宽度为 $B = (20 + 2 \times 40)$ mm $= 100$ mm。

模具采用后置导柱模架,根据以上计算结果,可查得模架规格为:上模座 160 mm × 125 mm × 35 mm,下模座 160 mm × 125 mm × 40 mm,导柱 25 mm × 150 mm,导套 25 mm × 85 mm × 33 mm。

4. 卸料装置中弹性元件的计算

模具采用弹性卸料装置,弹性元件选用橡胶,其尺寸计算如下:

1)确定橡胶的自由高度 H_0,有

$$H_0 = (3.5 \sim 4) H_I \tag{3-27}$$

其中,取 $H_I = h_{工作} + h_{修磨} = t + 1 \text{ mm} + (5 \sim 10) \text{ mm} = (2 + 1 + 7) \text{ mm} = 10 \text{ mm}$,得 $H_0 = 40$ mm。

2)确定橡胶的横截面积 A,有

$$A = F_X / p \tag{3-28}$$

查得矩形橡胶在预压量为 $10\% \sim 15\%$ 时的单位压力 $0.6\ \mathrm{MPa}$，所以

$$A = \frac{9\ 850\ \mathrm{N}}{0.6\ \mathrm{MPa}} \approx 16\ 417\ \mathrm{mm}^2$$

3）确定橡胶的平面尺寸。根据零件的形状特点，橡胶垫的外形应为矩形，中间开有矩形孔以避让凸模。结合零件的具体尺寸，橡胶垫中间的避让孔尺寸为 $82\ \mathrm{mm} \times 25\ \mathrm{mm}$，外形暂定一边长为 $160\ \mathrm{mm}$，设另一边长为 b，则有

$$b \times 160 - 82 \times 25 = A$$

由此推得 $b = 115\ \mathrm{mm}$。

4）校核橡胶的自由高度 H_0。为满足橡胶垫的高径比要求，将橡胶垫分割成四块装入模具中，其最大外形尺寸为 $80\ \mathrm{mm}$，所以

$$\frac{H_0}{D} = \frac{40}{80} = 0.5$$

橡胶垫的高径比在 $0.5 \sim 1.5$ 之间，所以选用的橡胶垫规格合理。橡胶的装模高度约为 $0.85 \times 40\ \mathrm{mm}$。

5. 其他零部件结构

凸模由凸模固定板固定，两者采用过渡配合关系。模柄采用凸缘式模柄，根据设备上模柄孔尺寸，选用规格 $\mathrm{A}50 \times 100\ \mathrm{mm}$ 的模柄。

3.3.7　模具装配图及主要零件图

模具装配图如图 3-31 所示。模具中下模座、推件块、凸模固定板、卸料板、凹模固定板、垫板、凹模、凸模、凸凹模零件图如图 3-32～图 3-40 所示。条料进入模具，通过挡料销定位及导向，上模在压力机下行的作用下下行，制件在凹模、凸模及与下模座相连的凸凹模一次冲裁成型，废料从凸凹模孔中排出，压力机上行，被压缩的橡胶在弹力的作用下回复，将凸凹模腔中的条料顶出，完成一次冲压过程。

冲孔落料复合冲裁模视频请扫描以下二维码。

A3-31 建立制件　　B3-31 条料排样　　C3-31 凸凹模　　D3-31 凸模固定板

E3-31 凹模板　　F3-31 上下底座　　G3-31 零件绘制

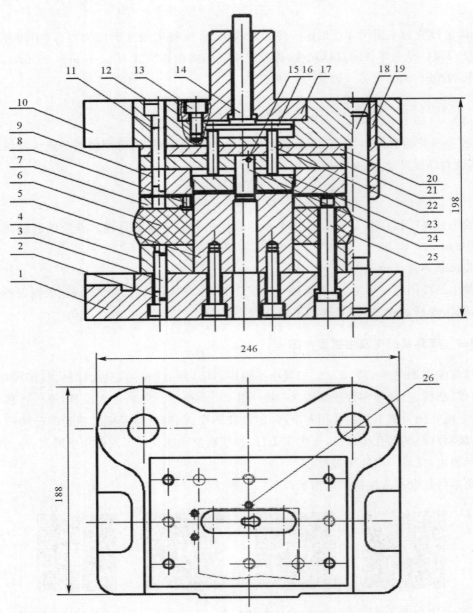

1—下模座；　2、12、13—螺钉；　3、11—销钉；　4—凸凹模固定板；　5—凸凹模；
6—橡胶；　7—卸料板；　8—导料销；　9—凹模；　10—上模座；　14—打杆；　15—横销；
16—推板；　17—模柄；　18—导柱；　19—导套；　20—垫板；　21—凸模固定板；
22—推杆；　23—推件块；　24—凸模；　25—卸料螺钉；　26—挡料销

图 3-31　复合模装配图

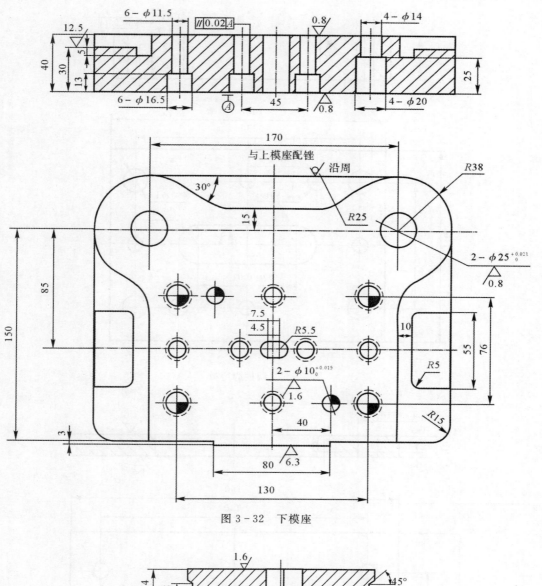

图 3 - 32   下模座

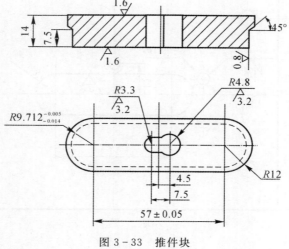

图 3 - 33   推件块

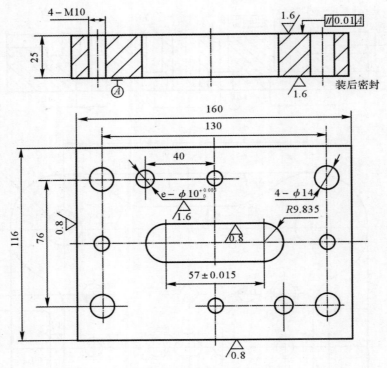

图 3-34　凸模固定板

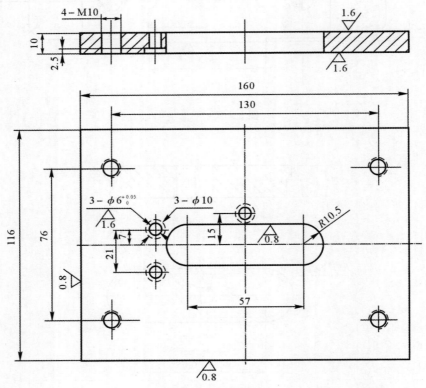

图 3-35　卸料板

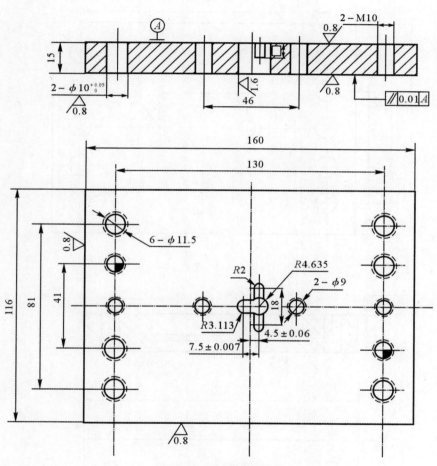

图 3-36　凹模固定板

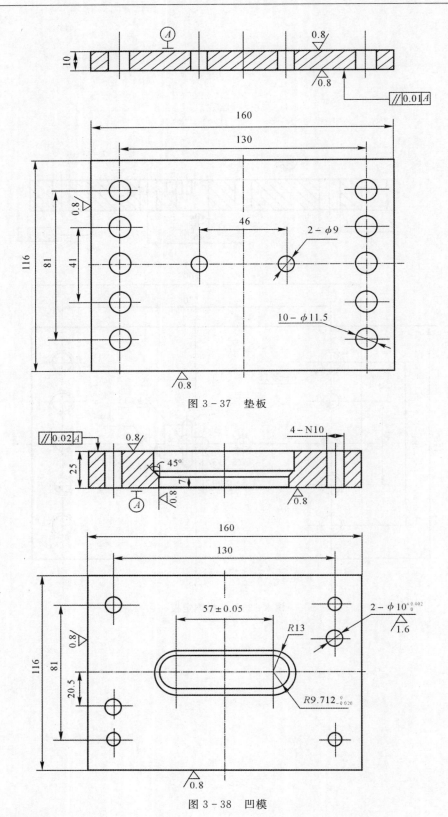

图 3 - 37 垫板

图 3 - 38 凹模

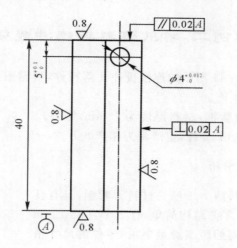

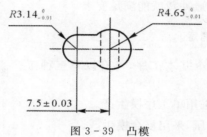

图 3 - 39　凸模

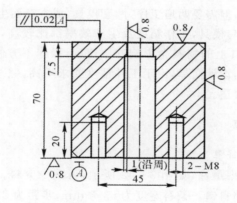

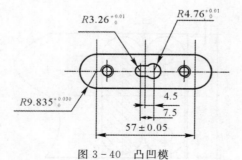

图 3 - 40　凸凹模

3.4 案例二：冲孔落料连续冲裁模具设计

案例任务：生产如图 3-41 所示的连接板冲孔落料件，根据图上的基本尺寸，选择合适的生产加工方法进行大批量生产。

制件描述：零件材料为紫铜，材料厚度为 1 mm，零件尺寸精度按图纸要求，未注按 IT12 级，生产量为年产 8 万件。

3.4.1 冲裁零件工艺分析

此零件只有冲孔和落料两个工序。材料为紫铜，具有良好的冲压性能，适合冲裁。零件结构简单，有 2 个直径 8 mm 的孔；孔与孔、孔与边缘之间的距离满足要求，零件的尺寸精度为自由公差，尺寸精度低，普通冲裁就能满足要求。

3.4.2 冲裁工艺方案的确定

该工件包括落料、冲孔两个基本工序，可有以下三种工艺方案：

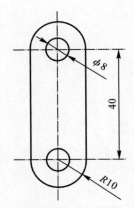

图 3-41 连接板冲裁件零件图

方案一：先落料，后冲孔，采用单工序模生产。

方案二：落料-冲孔复合冲压，采用复合模生产。

方案三：冲孔-落料级进冲压，采用连续模生产。

方案一模具结构简单，但需要两道工序、两套模具，成本高而生产效率低，难以满足大批量生产要求。方案二只需一套模具，工作精度及生产效率都比较高，但制造难度大，并且冲压成品件留在模具上，清理模具上的物料会影响冲压速度，操作不方便。方案三也只需要一副模具，生产效率高，操作方便，设计简单，由于工件精度要求不高，完全满足工件技术要求。经综合比较，采用方案三最为合适。

3.4.3 冲裁工艺计算

1. 排样方式的确定与计算

此零件直排材料利用率最高，如图 3-42 所示，可减少废料。第一次冲裁使用活动挡料销，第二次冲裁采用固定挡料销。条料宽度为 63.5 mm，步距为 21 mm，一个步距的材料利用率为 76%。

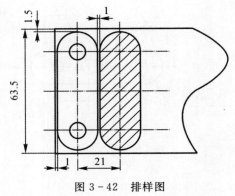

图 3-42 排样图

2. 压力中心的确定

凹模腔如图 3-43 所示,通过解析法得出压力中心点(-2.89,0)。

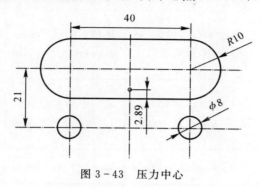

图 3-43　压力中心

3. 冲裁件冲压力的计算

该模具采用弹性卸料、下出件方式。条料及冲压力的相关计算见表 3-8。

根据计算结果,冲压设备拟选择 J23-25。

表 3-8　条料及冲压力计算

项目分类	项　目	计 算 式	结　果	备　注
排样	冲裁件面积 A	$A=(40\times20+\pi\times10^2-2\pi\times4^2)\ \mathrm{m}^2$	1 013.5 m²	
	条料宽度 B	$B=(60+2\times1.5+0.5)\ \mathrm{mm}$	63.5 mm	
	步距 S	$S=(20+1)\ \mathrm{mm}$	21 mm	a(见图 3-7)= 1 mm
	一个步距的材料利用率 η	$\eta=[A/(BS)]\times100\%$	76%	a_1(见图 3-7)= 1.5 mm
冲压力	冲裁力 F	$F=KLt\tau_b=(1.3\times92.56\times1\times160)\ \mathrm{N}$	19 252 N	$L=92.56$ mm
	卸料力 F_X	$F_X=K_XF=(0.04\times19\ 252)\ \mathrm{N}$	770 N	查表得 $K_X=0.04$
	推件力 F_T	$F_T=nK_TF=(8\times0.06\times19\ 252)\ \mathrm{N}$	9 241 N	n 取 8
	冲压工艺总力 F_Z	$F_Z=F+F_X+F_T=$ (19 252+770+9 241) N	29 263 N	弹性卸料下出件

4. 冲裁模具刃口尺寸计算

在确定工作零件刃口尺寸计算方法之前,首先要考虑工作零件的加工方法及模具装配方法。结合该模具的特点,工作零件的形状相对较简单,适宜采用线切割机床分别加工落料凸模、凹模、凸模固定板、卸料板。这种加工方法可以保证这些零件各个孔的同轴度,使装配简化。因此工作零件刃口尺寸计算按分开加工的方法计算,见表 3-9。

5. 冲裁件模具卸料橡胶的设计

卸料橡胶的设计计算见表 3-10。选用的四块橡胶板的厚度应该一致,不然会造成受力不均匀,运动产生歪斜,影响模具的正常工作。

表 3-9 工作零件刃口尺寸

尺寸及分类	尺寸转换	计算公式	结果	备 注
落料	$R10$　$R10_{-0.36}^{0}$	$R_A = (R_{max} - X\Delta)_0^{+\delta_A}$ $R_T = (R_A - Z_{min}/2)_{-\delta_T}^0$	$R_A = 9.91_0^{+0.008}$ mm $R_T = 9.885_{-0.012}^0$ mm	查表得冲裁双面间隙 $Z_{max} = 0.07$ mm $Z_{min} = 0.05$ mm
冲孔	$\phi 8$　$\phi 8_0^{+0.36}$	$d_T = (d_{max} - X\Delta)_{-\delta_T}^0$ $d_A = (d_T - Z_{min}/2)_0^{+\delta_A}$	$d_T = 8.18_{-0.008}^0$ mm $d_A = 8.205_0^{+0.012}$ mm	磨损系数 $x = 0.5$，模具按 IT14 级制造。校核满足 $\delta_A + \delta_T \leqslant Z_{max} - Z_{min}$
孔心距	40　40 ± 0.62	$L_A = L \pm \Delta/8$	$L_A = 40 \pm 0.155$ mm	

表 3-10 卸料橡胶的设计

项 目	公式	结 果	备 注
卸料板工作行程 h_I	$h_I = h_1 + t + h_2$	4 mm	
橡胶工作行程 H_I	$H_I = h_I + h_{修}$	9 mm	h_1 为凸模凹进卸料板的高度， 取 1 mm；h_2 为凸模冲裁后进入 凹模的深度，取 2 mm；$h_{修}$ 为凸模 修磨量，取 5 mm；取 H_I 为 $H_{自由}$ 的 25%；选用 4 个圆筒形橡胶
橡胶自由高度 $H_{自由}$	$H_{自由} = 4H_I$	36 mm	
橡胶的预压缩量 $H_{预}$	$H_{预} = 15\% H_{自由}$	5.4 mm	
橡胶承受的载荷 F_1	$F_1 = F_{卸}/4$	192.5 N	
橡胶的外径 D	$D = \sqrt{d^2 + 1.27(F_1/p)}$	46 mm	
校核橡胶自由高度 $H_{自由}$	$0.5 \leqslant H_{自由}/D \leqslant 1.5$	满足要求	
橡胶的安装高度 $H_{安}$	$H_{安} = H_{自由} - H_{预}$	30.6 mm	

3.4.4 连续冲裁模结构的确定

1. 冲压设备的选用

通过校核，选择开式双柱可倾压力机 J23-25 能满足要求。

2. 模具的总体设计

(1)模具类型的选择

由冲压工艺分析可知，本案例应采用连续模。

(2)定位方式的选择

因为该模具采用的是条料，控制条料的送进方向采用导料板，无侧压装置。控制条料的送进步距采用挡料销初定距，导正销精定距。而第一件的冲压位置可由始用挡料销定距。

(3)卸料

因为工件料厚 1 mm，相对较薄，卸料力也比较小，故可采用弹性卸料。又因为是连续模生产，所以采用下出件比较便于操作与提高生产效率。

（4）导向方式选择

为了提高模具寿命和工件质量，方便安装调整，该连续模采用中间导柱的导向方式。

3. 冲裁模具零部件设计

（1）主要零件的结构设计

1）落料凸模。结合工件外形并考虑加工，将落料凸模设计成直通式，采用线切割机床加工，2 个 M8 螺钉固定在垫板上，与凸模固定板的配合取 H6/m5。总长 L 可按式（3-24）计算，即 $L=14.4+14+1+(10\sim20)$，取 $L=50$ mm，如图 3-44 所示。

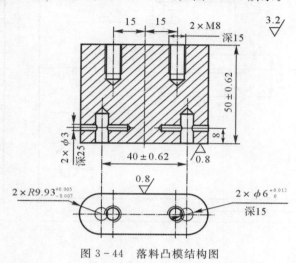

图 3-44　落料凸模结构图

2）冲孔凸模。所冲孔均为圆形，所以冲孔凸模采用台阶式，加工简单，便于装备与更换。冲孔凸模结构如图 3-45 所示。

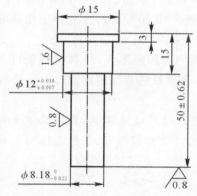

图 3-45　冲孔凸模结构图

3）凹模。凹模采用整体凹模，确定凹模在模架上的位置时要依据计算压力中心的数据，在压力中心与模柄范围内。其轮廓尺寸可按下列公式计算：

凹模高度 $H=KB=(0.3\times60)$ mm$=18$ mm，为了方便橡胶安装，取 $H=25$ mm。

凹模壁厚 $C=(1.5\sim2)H=27\sim36$ mm，取 $C=40$ mm。

凹模宽度 $B=b+2C=(60+2\times40)$ mm$=140$，取 $B=150$ mm。

凹模长度 L 取 130 mm（送料方向）。

凹模轮廓尺寸为 130 mm×150 mm×25 mm，凹模结构如图 3－46 所示。

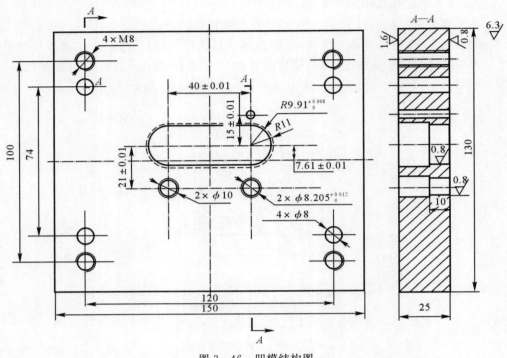

图 3－46　凹模结构图

（2）定位零件

落料凸模下部设置两个导正销，采用直径 8 mm 的两个孔作为导正孔。导正销采用 H7/r6 配合安装在落料凸模端面，导正销导正部分与导正孔采用 H7/r6 配合。

（3）导料板

导料板内侧与条料接触，外侧与凹模平齐，导料板与条料之间间隙取 1 mm，确定导料板的宽度。导料板厚度取 4 mm，用螺纹链接固定在凹模上。导料板上有活动挡料销凹槽。

（4）卸料板

卸料板的周界尺寸与凹模的周界尺寸相同，厚度为 8 mm。采用 45 钢制造，淬火硬度 HRC 为 40～45。卸料板上设置 4 个卸料螺钉，公称直径为 8 mm，螺纹部分为 M64。

（5）模架及其他零部件

该模具采用后侧导柱模架，导柱分别为 28 mm×100 mm，导套分别为 28 mm×42 mm× 95 mm。

上模座厚度取 40 mm，上垫板厚度取 10 mm，固定板厚度取 15 mm，下模座厚度取 45 mm，那么该模具的闭合高度为

$$H_{模具} ＝（40＋10＋50＋25＋45－2）\,mm＝168\,mm$$

可见该模具闭合高度小于所选压力机 J23－25 的最大装模高度（220 mm），可以使用。

3.4.5 冲孔落料连续冲裁模具图绘制

模具装配图如图 3-47 所示。模具上模部分主要由上模板、垫板、凸模(3 个)、凸模固定板及卸料板等组成。卸料方式采用弹性卸料,以橡胶为弹性元件。下模部分由下模座、凹模板、导料板等组成。

条料送进时采用活动挡料销 21 定位,在落料凸模上安装 2 个导正销,利用条料上的孔作为导正销孔导正,以此作为条料送进的精确定距。

条料进入模具,通过挡料销定位、导正销孔导正,上模座在压力机下行的作用下下压,冲孔凸模完成冲孔的同时,落料凸模也与凹模共同完成冲裁过程。压力机上行,被压缩的橡胶在弹力的作用下回复,将卡在凸模的条料顶出,完成一次冲压过程。条料向前送一个步距的距离,压力机再次下行,完成第二次冲压过程,即可完成一个制件的冲裁。

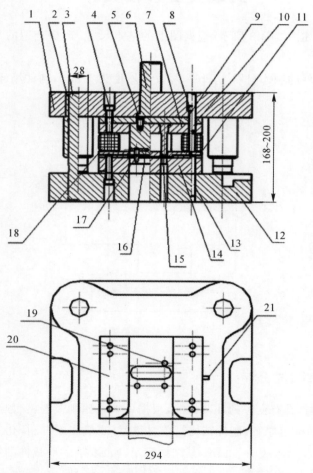

1—上模座; 2—导套; 3—导柱; 4—紧固螺钉; 5—沉头螺钉; 6—模柄; 7—凸模固定板;
8—卸料螺钉; 9—垫板; 10—圆柱销; 11—卸料板; 12—下模座; 13—圆柱销; 14—凹模;
15—冲孔凸模; 16—落料凸模; 17—导正销; 18—卸料橡胶; 19—挡料销; 20—导料扳子; 21—挡料销

图 3-47 连续模装配图

冲孔落料连续冲裁模视频请扫描二维码。

A3-47 排样及
凹凸模设计　　　B3-47 标准件　　　C3-47 细节修改　　　D3-47 废料孔创建

3.5　案例三：扩展十字形制件的正装式复合模设计

案例任务：零件如图3-48所示，根据图上的基本尺寸，选择合适的加工方法进行大批量生产。

制件描述：该制件的制作材料为 H68，零件的厚度为 1 mm，制件尺寸按图纸要求，生产批量为大批量生产。

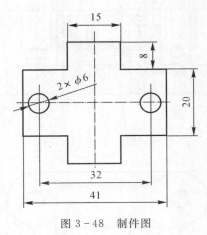

图3-48　制件图

3.5.1　冲裁件的工艺分析

H68 为普通黄铜，具有良好的冲裁性能，根据可加工原则及经济性原则，确定其为加工材料。对于制件结构的确定原则，制件结构简单对称，对冲裁加工有利，孔的最小尺寸为 6 mm，大于冲裁最小孔径 $d_{min} \geqslant 1.0t = 1$ mm，其结构满足冲裁要求。冲裁件的精度一般可达 IT10～IT12，高精度可达 IT8～IT10 级，冲孔比落料的精度约高一级。该零件没有标准公差，则对于非圆形件按国家标准《标准公差和基本偏差》(GB/T 1800.3—1998)IT14 精度来处理，冲模则可按 IT11 精度制造。

3.5.2　冲压工艺方案的确定

该工件有冲孔、落料两道加工工序,可以有以下三种工艺方案:

方案一:先落料后冲孔,采用简单模生产。

方案二:落料-冲孔连续加工,采用连续模生产。

方案三:落料-冲孔复合加工,采用复合模生产。

方案一模具结构简单,尺寸较小,重量较轻,成本低廉。简单模依靠压力机导轨导向,模具的安装调整麻烦,很难保证上、下部分对正,从而难以保证凸、凹模之间的间隙均匀,所生产的冲裁件精度差,模具寿命低,操作也不安全,需要两套模具,生产率较低而且不适合大批量生产。方案二的连续模是多工序冲模,在一副模具上能完成多道工序,使用连续模可以减少模具和设备数量,提高生产效率。连续模容易实现冲压生产自动化。但是,连续模比简单模结构复杂,制造麻烦,成本增加,且连续模中难以实现条料的准确定位。方案三的复合模也是多工序冲模,在一副模具中一次送料定位可以同时完成几个工序。和连续模相比,复合模冲裁件的内孔和外缘具有较高的位置精度,条料的定位精度要求较低,冲模轮廓尺寸较小,复合模适合于生产批量大、精度要求高的冲裁件,且零件的形位精度容易保证,条料的定位精度要求较低,生产效率较高。

综上分析,选择第三方案进行加工。

3.5.3　冲裁工艺计算

1. 冲裁力和压力中心的计算

(1) 冲裁力

由式(3-3)可以得出 $F_{落}=616\,000$ N,所以

$$F=F_{落}+F_{冲}=76\,672\ \text{N}=76.67\ \text{kN}$$

(2) 卸料力、推件力和顶件力

影响卸料力、推件力和顶件力的因素有很多,主要有材料的机械性能、材料厚度、模具间隙、零件的形状和尺寸以及润滑条件等。查表可知 $K_1=0.1$, $K_2=0.14$, $K_3=0.075$,由式(3-4)～式(3-6)得

$$F_1=nK_1F=(2\times0.1\times76.67)\ \text{kN}=15.33\ \text{kN}$$
$$F_2=nK_2F=(2\times0.14\times76.67)\ \text{kN}=21.47\ \text{kN}$$
$$F_3=nK_3F=(2\times0.075\times76.67)\ \text{kN}=11.50\ \text{kN}$$

总冲压力 $F_{总}$ 是各种冲压工艺的总和,由于本模具采用弹性卸料装置,则由式(3-7)得

$$F_{总}=F+F_1+F_2+F_3=(76.67+15.33+21.47+11.50)\ \text{kN}=124.97\ \text{kN}$$

(3) 压力中心的计算

由于本制件形状对称,所以其几何中心所在位置即为其压力中心。

(4) 压力机的选择

根据冲裁力大小以及该模具的行程(5 mm),选用 JB23-16 型压力机,其主要技术参数见表 3-11。

表 3 - 11　JB23 - 16 型压力机主要技术参数

参数名称	数值	参数名称	数值
公称压力/kN	160	滑块中心到床身的距离/mm	160
滑块离下死点的距离/mm	5	工作台尺寸/mm	450×300
滑块的行程/mm	70	工作台孔尺寸/mm	110×160
行程次数/mm	115	立柱间的距离/mm	220
最大封闭高度/mm	220	模柄孔尺寸/mm	30
封闭高度调节量/mm	60	工作台板厚度/mm	60

　　2. 凸凹模刃口尺寸的计算

　　模具刃口尺寸及其公差是影响冲裁件精度的首要因素,模具的合理间隙也要靠模具刃口尺寸及其公差来保证。因此,正确确定冲裁模凸模和凹模刃口的尺寸及其公差,是冲裁模具设计的重要内容。凸模和凹模刃口尺寸及其公差的确定,必须考虑到冲裁变形的规律、冲裁件的精度要求、冲模的磨损和制造特点等情况。

　　实践证明,落料件的尺寸和冲孔的尺寸都是以光亮带尺寸为准的,而落料件上光亮带的尺寸等于凹模刃口尺寸,冲孔时孔的光亮带尺寸等于凸模刃口尺寸。其设计原则如下:

　　1)设计落料模时,因落料尺寸等于凹模刃口尺寸,故应先确定凹模刃口尺寸,间隙取在凸模上;考虑到冲裁中模具的磨损,凹模刃口尺寸越磨越大,因此,凹模刃口的基本尺寸应取工件尺寸公差范围内较小的尺寸,以保证凹模磨损到一定程度时,仍能冲出合格零件;凸、凹模之间的间隙则取最小合理间隙值,以保证模具磨损到一定程度时,间隙仍在合理间隙范围内。

　　2)设计冲孔模时,因孔的尺寸等于凸模刃口尺寸,故应先确定凸模刃口尺寸,间隙取在凹模上,考虑到冲裁中模具的磨损,凸模刃口尺寸越磨越小,因此,凸模刃口的基本尺寸应取工件尺寸公差范围内较大的尺寸,以保证凸模磨损到一定程度时仍可使用;凸、凹模之间的间隙取最小合理间隙值。

　　3)凸模和凹模的制造公差,应考虑工件的公差要求。如果对刃口精度要求过高,势必使模具制造困难,成本增加,生产周期延长;如果对刃口精度要求过低,则生产出来的零件可能不合格,或使模具寿命降低。零件精度与模具制造精度的关系可查阅相关手册获得。若零件没有标注公差,则对于非圆形件,按国家标准《标准公差和基本偏差》IT14 精度来处理,冲模则可按IT11 精度制造;对于圆形件,一般可按 IT6～IT7 精度制造模具。零件的尺寸公差根据表3 - 12可得。

表 3 - 12　标准公差数值

基本尺寸/mm	公差值/μm						
	IT5	IT6	IT7	IT8	IT9	IT10	IT11
	公差等级						
≥0～3	4	6	10	14	25	40	60

续表

基本尺寸/mm	公差值/μm						
	IT5	IT6	IT7	IT8	IT9	IT10	IT11
	公差等级						
≥3~5	5	8	12	18	30	48	75
≥6~10	6	9	15	22	36	58	90
≥10~18	8	11	18	27	43	70	110
≥18~30	9	13	21	33	52	84	130
≥30~50	11	16	25	39	62	100	160

由于冲模的制造等级为 IT11,所以选择零件的主要尺寸及公差分别为 $41_{-0.16}^{0}$ mm, $36_{-0.16}^{0}$ mm, $20_{-0.13}^{0}$ mm, $15_{-0.11}^{0}$ mm, $\phi 6_{0}^{+0.09}$ mm。

3. 落料刃口尺寸的计算

查《中国模具设计大典》得冲裁间隙: $Z_{\min}=0.05$ mm; $Z_{\max}=0.07$ mm。

磨损系数 x 与制造精度有关,可按下列关系取值:

工件精度 IT10 以上, $x=1$;工件精度 IT11~IT13, $x=0.75$;工件精度 IT14, $x=0.5$。

若零件没有标注公差,则对于非圆形件,按国家标准《标准公差和基本偏差》IT14 精度来处理,冲模则可以按 IT11 精度制造,所以磨损系数为 0.5。

落料刃口尺寸按表 3-13 计算。

表 3-13 凹模刃口尺寸

基本尺寸/mm	磨损系数	计算公式	制造公差/mm	计算结果/mm
$41_{-0.16}^{0}$	0.5		0.04	$D_d = 40.98_{0}^{+0.04}$
$36_{-0.16}^{0}$	0.5	$D_d = (D - x\Delta)_{0}^{+\Delta/4}$	0.04	$D_d = 35.98_{0}^{+0.04}$
$20_{-0.13}^{0}$	0.5		0.032 5	$D_d = 19.984_{0}^{+0.0325}$
$15_{-0.11}^{0}$	0.5		0.027 5	$D_d = 14.984_{0}^{+0.0275}$

注:所有凸模尺寸按凹模尺寸配合,保证双边间隙在 0.05~0.07 mm 之间。

4. 冲孔刃口尺寸计算

冲孔刃口尺寸按表 3-14 计算。

表 3-14 凸模刃口尺寸

基本尺寸/mm	磨损系数	计算公式	制造公差/mm	计算结果/mm
$\phi 6_{0}^{+0.09}$	0.5	$d_p = (d + x\Delta)_{-\delta_p}^{0}$	0.022 5	$d_p = \phi 6.01_{-0.022}^{0}$

注:凹模尺寸按凸模尺寸配合,保证双边间隙在 0.05~0.07 mm 之间。

3.5.4　模具主要零部件结构和设计

1.卸料装置

橡胶允许承受的载荷较弹簧大,并且安装调整方便,所以在冲裁模中应用最多。冲裁模中用于卸料的橡胶有合成橡胶和聚氨酯橡胶,其中聚氨酯橡胶的性能比合成橡胶优异,是常用的卸料弹性元件。

本设计采用橡胶作弹性卸料,根据工件材料厚度为 1 mm,冲裁时凸模进入凹模的深度为 1 mm,考虑模具维修,刃磨留量 2 mm,再考虑开启,卸料板高出凸模 1 mm,则总的工作行程为 5 mm。又因为工作行程不少于橡胶自由高度的 0.25~0.30,所以橡胶的高度 $H=20$ mm。

根据规范《冷冲模板　矩形模板》(GB 2858.2—1981),卸料板的规格为 160 mm × 125 mm×12 mm。

2.定位零件

冲模的定位装置及零件,其作用是保证材料的正确送进及在冲模中的正确位置,以保证冲压件的质量及冲压生产的顺利进行。此模具设计采用挡料销。

3.凹模的设计

凹模推荐采用材料为 9Mn2V、T10A、Cr6WV、Cr12,热处理硬度 HRC 为 58~62。凹模的轮廓尺寸,因其结构形式不一,受力状态各不相同,目前还不能用理论计算方法确定,在生产中根据冲裁件尺寸和板料厚度,凭经验概略地加以计算。

$$H=Kb=(0.35×41) \text{ mm}=14.35 \text{ mm}≤15 \text{ mm}$$
$$C=(1.5~2.0)H=[(1.5~2.0)×15] \text{ mm}=22.5~30 \text{ mm}≤30 \text{ mm}$$

式中:b——冲裁件最大外形尺寸,mm;

K——系数,考虑料的厚度的影响,其值可查表 3-15。

表 3-15　系数 K 值

b/mm	t/mm			
	0.5	1	2	3
<50	0.3	0.35	0.42	0.5
>50~100	0.2	0.22	0.28	0.35
>100~200	0.15	0.18	0.2	0.24
>200	0.1	0.12	0.15	0.18

所以凹模厚度为 15 mm,凹模壁厚 30 mm。所选材料为 Cr12,热处理硬度 HRC 为 58~62。落料凹模零件图如图 3-49 所示。

4.凸凹模的设计

凸凹模的内外缘均为刃口,内外缘之间的壁厚决定于冲裁件的尺寸,不像凹模那样可以将外缘轮廓尺寸扩大,所以从强度考虑,壁厚受最小值限制,凸凹模的最小壁厚受冲模结构影响。凸凹模装于上模(正装复合模)时,内孔不积存废料,胀力小,最小壁厚可以小些;凸凹模装于下模(倒装复合模)时,如果是柱形孔口,则内孔积存废料,胀力大,最小壁厚要大些。此模具的凸凹模如图 3-50 所示。

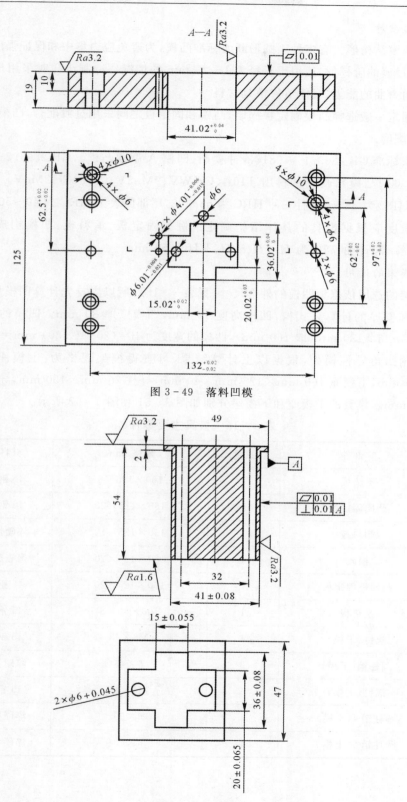

图 3-49　落料凹模

图 3-50　凸凹模

5. 凸模的设计

常见的凸模结构形式有多种。圆形断面标准凸模,为避免应力集中和保证强度、刚度的要求,做成圆滑过渡的阶梯形,适用于直径为 1～25 mm 的情况。冲制小孔时采用护套结构,既可以提高纵向弯曲的能力,又能节省模具材料。

凸模的固定一般选择凸模固定板固定,凸模和固定板之间采用过渡配合,凸模装入固定板后,端面进行配磨。

按照国家标准 GB 2863.1—1981《冷冲模凸、凹模 A 型圆凸模》,GB 2863.2—1981《冷冲模凸、凹模 B 型圆凸模》,凸模材料用 T10A、Cr6WV、9Mn2V、Cr12、Cr12MoV。前两种材料热处理硬度 HRC 为 56～60,后三种 HRC 为 58～62,尾部回火至 HRC 为 40～50。

凸模的长度应根据模具的具体结构确定。例如固定板、承料板、凹模构成的下模,由式(2-24)计算得凸模的高度为 $H = H_1 + H_2 + H_3 = 52$ mm。

6. 标准模架的选用

标准模架的选用依据为凹模的外形尺寸(见表 3-16),所以应首先计算凹模周界的大小。由凹模高度和壁厚的计算公式得,凹模高度 15 mm,凹模壁厚 30 mm。凹模的总长为 $L = (70 + 2 \times 30)$ mm $= 130$ mm(取 160 mm),凹模的宽度为 $B = (20 + 2 \times 30)$ mm $= 80$ mm。

模具采用四角导柱模架,根据以上计算结果,可查得模架规格为:上模座 160 mm $\times$ 125 mm $\times$ 35 mm,下模座 160 mm $\times$ 125 mm $\times$ 40 mm,导柱 25 mm $\times$ 150 mm,导套 25 mm $\times$ 85 mm $\times$ 33 mm。模具的上模座和下模座分别如图 3-51 和图 3-52 所示。

表 3-16 模具主要零件

零部件	数量	规格/mm	材料
下垫板	1	160×125×8	45 钢
凸模固定板	1	160×125×20	45 钢
卸料板	1	160×125×12	淬硬钢
橡胶	4	160×125×20	聚氨酯
凸凹模固定板	1	160×125×20	45 钢
上垫板	1	100×80×8	45 钢
螺钉(下模)	4	M6×45	45 钢
圆柱销(下模)	2	6×45	淬硬钢
螺钉(上模)	4	M6×45	45 钢
圆柱销 1(上模)	1	6×50	淬硬钢
圆柱销 2(上模)	1	6×40	淬硬钢

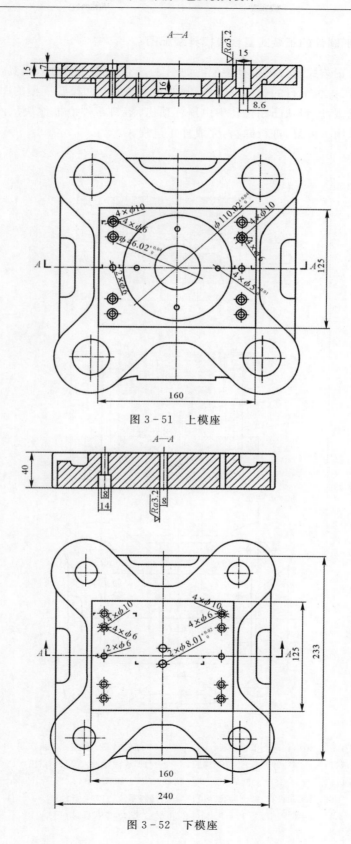

图 3 - 51　上模座

图 3 - 52　下模座

3.5.5　十字形制件的正装式复合模模具装配图

十字形制件的正装式复合模模具装配图如图 3-53 所示,条料进入模具,通过挡料销定位及导向,上模座在压力机下行的作用下下压,制件在上模的凸凹模及下模的凹模和冲孔凸模共同作用一次冲裁成型,废料从凸凹模孔中由顶杆顶出,落料零件由推件块从凹模推出,被压缩的橡胶在弹力的作用下回复,进行卸料,完成冲压过程。

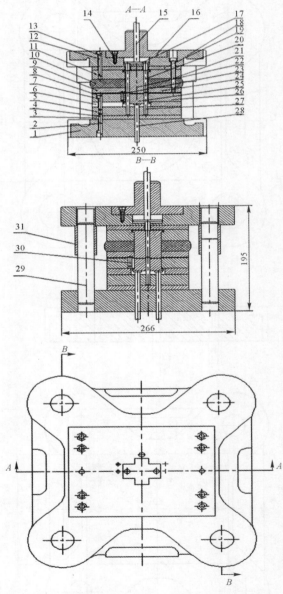

1—下模座;　2—销钉;　3—下模垫板;　4、7、12、14—螺钉;　5—凹模固定板;　6—空心垫板;
8、13—销钉;　9、24—卸料板;　10—橡胶;　11—凸凹模固定板;　15—打杆;　16—模柄;
17—推板;　18—上　模;　19—上模垫板;　20—推杆;　21—卸料螺钉;　22—凸凹模;　23—挡料销;
25—顶件块;　26—落料凹模;　27—冲孔凸模;　28—卸料系统;　29—导柱;　30—销钉;　31—导套

图 3-53　十字形制件的正装式复合模模具装配图

3.6　任务一：冲裁工件的断面分析

3.6.1　任务的引入

对被冲出后的工件进行验证,确定工件上的"四带",即圆角带、光亮带、断裂带、毛刺,检查看它们的比例是否适中,毛刺是否符合冲裁件毛刺标准,搭边量是否合理。通过上述任务,了解和掌握冲裁件冲制后所达到的效果和验证设计模具刃口尺寸与间隙是否正确;了解间隙的大小及凸、凹模刃口对冲裁件剪切断面质量的影响;了解间隙大小对冲裁件精度的影响。

3.6.2　任务的计划

1. 读识任务

1)冲裁件的质量包括剪切断面质量和尺寸精度。剪切断面质量好是指断面光洁,塌角小,斜度小,无毛刺。尺寸精度是指零件的实际尺寸与冲模刃口尺寸之间的差值。

2)选择间隙大小合理,则可得到良好的剪切断面质量。同样刃口锐利,也可得到好的剪切断面质量。

3)选择间隙大小合理,可得到的冲裁件零件尺寸精度高,即零件的实际尺寸与冲模工作部分之间的偏差小。

2. 必备知识

以项目冲制的连接板中心圆孔和落料外形冲裁件为例,进行冲裁断面质量分析及总结。

(1)断面特征

当冲裁模凸、凹模之间的间隙合理、模具刃口状况良好时,冲裁件断面的特征如图 3-3 所示。从图中可以看出,冲裁断面明显分为四个特征区,即圆角带、光亮带、断裂带和毛刺。

圆角带:凸模下压时,凸、凹模刃口附近产生弯曲和拉伸变形,材料被带进凸、凹模间隙时所形成的。

光亮带:发生在塑性剪切滑移阶段。材料在剪切滑移的同时,在和模具的侧面接触中,被模具侧面挤光而形成的光亮而垂直的表面。

断裂带:发生在压力断裂分离阶段。随着凸模继续下压,在凸模与凹模刃口附近,应力达到强度极限,材料开始产生细微裂纹,凸模与凹模刃口附近的细微裂纹开始向板料内部生长。若间隙合理,上下裂纹则相遇而连接,形成断裂带。

毛刺:产生于细微裂纹开始时。由于裂纹的跟部距离凸模或凹模刃口有一段距离,从而形成毛刺。

由此可见,冲裁件的断面并不整齐,仅较短一段的光亮带是柱体。若不计弹性变形的影响,冲孔件的光亮柱体部分尺寸近似等于凸模尺寸;而落料件的光亮柱体部分尺寸,近似等于凹模尺寸。

(2)影响断面质量的因素

影响冲裁断面的因素主要有:

1)材料的力学性能:塑性好的材料,冲裁时裂纹出现得较迟,材料剪切滑移的深度较大,所得的光亮带的尺寸大,圆角大,断裂带小;反之,若材料塑性差,则光亮带的尺寸小,圆角小,断裂带尺寸大。

2)模具间隙:冲裁时,上下裂纹是否重合,与凸、凹模间隙是否合适有关。间隙合适时,上下裂纹重合,断面呈一定的斜度,平直、光滑,毛刺较小,圆角适中。间隙过小时,凹模裂纹伸向凸模裂纹的内侧,上、下裂纹在板料中间将产生二次断裂,在断面的上下各存在一个光亮带,部分材料被挤出形成薄而高的毛刺,圆角减小。间隙过大时,凹模裂纹伸向凸模裂纹的外侧,上、下裂纹在板料中间将产生二次水平断裂,断裂带尺寸增加,光亮带尺寸减小,毛刺大而厚。由于材料容易被拉入间隙,所以圆角增大。

3)模具刃口状态:刃口越锋利,拉应力越集中,毛刺越小;反之,刃口磨损后,刃口变钝,拉应力分散,毛刺增大,且毛刺根部厚大。

3. 前期准备

1)材料的准备:不同厚度的 Q235 钢板、铝合金板材、黄铜板材。

2)设备的准备:曲柄压力机、环境扫描电镜。

3)工具的准备:冲裁模一套,千分尺、放大镜、钢皮尺、安装模具的工具。

3.6.3 任务的实施

1)采用同样一个凹模,更换不同直径的凸模,改变间隙的大小,进行冲裁。将不同冲裁间隙冲裁的零件断面用放大镜观察,分析剪切断面质量并测量每个零件的外径,检测工件尺寸与设计的模具刃口尺寸的差距,将结果记入报告表一。

2)凹模不换,换装上钝刃口凸模进行冲裁;钝刃口凸模不换,换装上钝刃口凹模进行冲裁,用放大镜观察每个零件的剪切断面质量画出断面形状,检测工件尺寸与设计的模具刃口尺寸的差距,并填入报告表二。

3)凸模、凹模不换,采用不同厚度的 Q235 钢板进行冲裁,用放大镜观察每个零件的剪切断面质量,画出断面形状,检测工件尺寸与设计的模具刃口尺寸的差距并填入报告表三。

4)凸模、凹模不换,采用相同厚度的 Q235 钢板、铝合金板材、黄铜板材进行冲裁,用放大镜观察每个零件的剪切断面质量,画出断面形状,检测工件尺寸与设计的模具刃口尺寸的差距,并填入报告表四。

3.6.4 任务的思考

1)挑选任务中的任一冲裁件,采用照相机或环境扫描电镜获取断面照片,标出并描述其断面情况。思考每一个冲裁件断面的特点,分析影响冲裁件断面质量的主要因素是什么。

2)根据任务中所测量的不同材料、不同模具间隙、不同模具刃口状态时所冲裁的制件尺寸,检测其与设计的模具刃口尺寸的差距,思考影响冲裁件尺寸的因素有哪些。

3.6.5 总结和评价

针对不同材料、模具间隙、模具刃口状态时所冲裁的制件尺寸及断面特征,引导学生分组讨论和总结,并进行相互评价,教师在适当情形下进行点评。

3.7 任务二：电机转子铁芯落料模具设计

冲制图 3-54 所示的半工字形制件。该材料为软钢，板料厚度 $t=1$ mm，手工送料，大批量生产，毛刺不大于 0.12 mm。

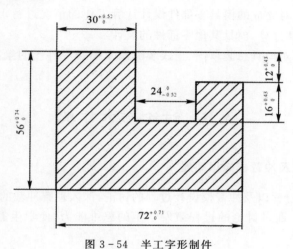

图 3-54 半工字形制件

3.7.1 任务要求

根据以上图形资料设计一套半工字形制件冲压模具，要求完成：

模具装配图：1 张（A1）。

主要工作零件的零件图：4～5 张（A3～A4）。

设计计算说明书：1 份。

3.7.2 任务的实施

1）按小组分配，每小组五名学生，分别完成不同任务，最终汇总完成所有设计任务。

2）任务分配：

任务 1：制件冲裁工艺性分析（由小组成员共同完成）。

任务 2：冲裁工艺方案的确定（由小组指定一名成员完成）。

任务 3：排样设计（由小组指定一名成员完成）。

任务 4：冲压力、压力中心的计算与压力机的选择（由小组指定一名成员完成）。

任务 5：凸、凹模刃口尺寸计算（由小组指定一名成员完成）。

任务 6：凸、凹模零部件结构形式的确定及其计算（由小组指定一名成员完成）。

任务 7：模具其他零部件的设计（由小组成员分工完成）。

任务 8：模具装配图、零件图及说明书的绘制与书写（由小组成员分工完成）。

3.7.3 任务阶段汇报

本项目按任务分工分成四个阶段完成，每完成一个阶段都要在课堂上就任务完成的情况进行汇报,给出相应成绩和评价意见。

具体阶段如下:

第一阶段,每小组对产品进行工艺性分析,确定合理的工艺方案并进行汇报。

第二阶段,每小组对完成相关工艺计算的情况进行汇报(包括排样设计,冲压力、压力中心计算与压力机的选择,凸、凹模刃口尺寸计算)。

第三阶段,每小组对完成的模具零部件设计计算工作的情况进行汇报(包括凸、凹模零部件结构形式的确定及其计算,模具其他零部件的设计)。

第四阶段,每小组对模具总装草图、正式装配图及模具零件图的绘制,设计说明书的情况进行汇报。

3.8 讨论与大作业

3.8.1 冲裁工艺及冲裁模知识拓展

通过对冲裁工艺过程以及冲裁模设计过程的讨论,深入理解冲裁的工艺过程,以及冲裁模设计的要点、难点等。通过讨论的过程激发学生的思维能力,使学生能够牢固的掌握相关知识点:

1)冲裁的变形过程分为哪几个阶段?

2)什么是冲裁间隙? 冲裁间隙对冲裁质量有哪些影响?

3)什么是冲裁件的工艺性? 如何进行冲裁件的工艺分析?

4)冲压模按工序分布分为哪几种类型? 它们的应用范围及特征分别是什么?

5)如何正确地选用冲压设备? 选择时应注意哪些要点?

3.8.2 冲裁工艺及冲裁模相关训练

通过下述几个综合小任务,训练学生冲裁相关知识的掌握情况、理论与实际结合的能力以及思维拓展能力。

1)冲制图 3-55 所示的垫圈,材料为 Q235 钢,板料厚为 3 mm,分别计算落料、冲孔的凸、凹模刃口尺寸及公差。

2)计算图 3-56 所示的铁芯冲片冲裁凸、凹模的刃口尺寸,材料为 Q235 钢,料厚为0.5 mm。

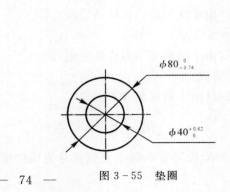

图 3-55 垫圈

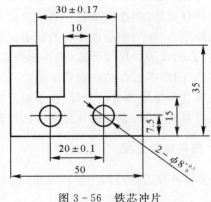

图 3-56 铁芯冲片

3.8.3 复杂成形工艺及模具设计

对于复杂冲压件的成形工艺,可以通过有效运用数值模拟方法,解决大型复杂多工位连续模设计和制造过程中的关键技术问题。通过有限元数值模拟,对复杂件进行精确设计研究,预测成形过程中可能出现的相关问题,并采取相应措施解决或控制,从而达到复杂成形工艺的精确设计。

1)如图 3-57 所示零件,材料为 40 钢($\tau=450$ MPa,$\sigma_b=600$ MPa),板厚为 4 mm,计算用复合模冲裁该零件所需冲裁力。

2)如图 3-58 所示零件,材料为 40 钢($\tau=450$ MPa,$\sigma_b=600$ MPa),板厚为 6 mm,计算用单工序落料模冲裁该零件所需冲裁力。

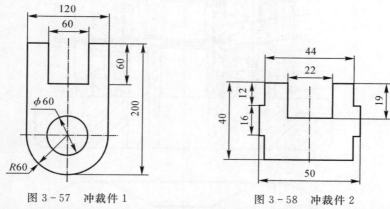

图 3-57 冲裁件 1   图 3-58 冲裁件 2

3)如图 3-59 所示模具,写出各序号所示零件的名称,并分析该套模具的运动过程及工作原理。

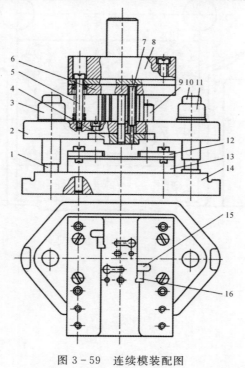

图 3-59 连续模装配图

4)如图 3 - 60 所示模具,写出各序号所示零件的名称,并分析该模具的运动过程及工作原理。

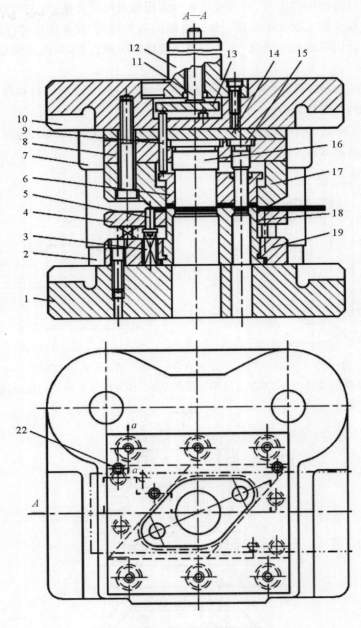

图 3 - 60 倒装复合模装配图

第4章 弯曲工艺及模具设计

本章从弯曲工艺及弯曲模具设计出发,系统地介绍弯曲工艺与弯曲模具设计的基本知识、理论以及设计方法,主要内容包括弯曲零件的工艺分析、弯曲工艺方案的确定、弯曲工艺计算、弯曲模具设计、弯曲成形过程的 CAE 分析等。此外,还通过案例对弯曲模具设计进行详细的讲解。同时,通过弯曲工艺及模具设计案例、任务、项目训练等内容,训练学生设计弯曲模具的方法和思路,培养学生解决生产实际问题的能力。

4.1 弯曲概述

弯曲是通过模具和压力机将各种金属毛坯弯成具有一定角度和曲率,从而得到一定形状和尺寸零件的冲压工序。弯曲成形工艺的应用相当广泛,如可成形汽车上很多覆盖件、摩托车上把柄、脚支架、单车上的支架构件、门扣、夹子(铁夹)等。弯曲工艺可以在压力机上进行,也可在专用的弯曲设备上进行,如折弯机、滚弯机、拉弯机等,最常见的是使用弯曲模在普通压力机上进行的弯曲。

知识目标:

1)掌握弯曲工艺及模具设计基本理论。

2)了解弯曲变形规律及弯曲件质量影响因素。

3)熟悉弯曲模典型结构及特点。

4)掌握弯曲工艺性分析与工艺设计计算方法。

5)掌握弯曲模工作部分设计。

6)掌握弯曲工艺与弯曲模设计的方法和步骤。

能力目标:

1)能对弯曲件的工艺进行分析,并确定合理的弯曲方案。

2)能合理设计弯曲模的零件结构。

3)具有设计一般复杂程度弯曲模的能力。

4.2 弯曲工艺及模具设计基础

4.2.1 弯曲工艺

1. 弯曲过程

板料在 V 形模中的校正弯曲是一种最基本的弯曲变形。图 4-1 为 V 形弯曲件弯曲变形的过程示意图。在弯曲开始阶段,毛坯自由弯曲,随着凸模的下压,毛坯与凹模工作表面逐渐靠紧,与凹模的接触点沿凹模圆角下滑,弯曲半径由 r_0 变为 r_1,弯曲力臂也由 l_0 变为 l_1;凸模继续下压,毛坯弯曲区逐渐减小,直到与凸模三点接触,这时曲率半径已由 r_1 变为 r_2;而后,毛坯的直边部分则向与以前相反的方向弯曲;到行程终了时,凸、凹模对毛坯贴合,使毛坯的圆角、直边与凸模完全吻合,得到所需的零件。弯曲变形过程中,弯曲力臂逐渐减小,弯曲半径逐渐减小。

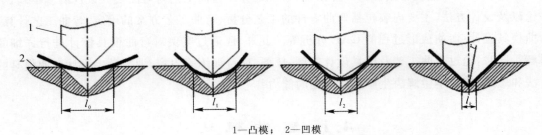

1—凸模; 2—凹模

图 4-1   V 形弯曲件弯曲变形过程示意图

为分析板料在弯曲时的变形情况,可在长方形板料的侧面画出正方形网格,然后将其进行弯曲,观察网格的变化,可看出弯曲变形时的特点。

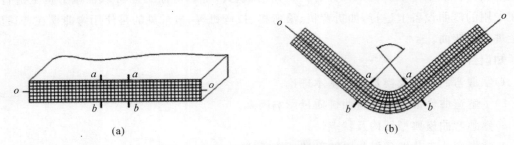

(a)   (b)

图 4-2   弯曲前、后坐标网格的变化

(a)弯曲前;   (b)弯曲后

如图 4-2 所示,弯曲前,材料网格线条均为直线,组成的网格均为正方形;弯曲后,左右 ab 段仍为直线,而下面的 bb 段弯为圆弧状,其间的正方形网格变成了梯形格子。弯曲断面可划分为拉伸区、压缩区和中性层。

如图 4-2(b)所示,拉伸区为外侧 bb 圆弧附近方格,弯曲后水平直线变长;压缩区为内侧 aa 圆弧附近方格,原本垂直方向的线变斜,长短未变,而原来水平方向的直线变短了,形成压缩区;中性层为图中 oo 圆弧,弯曲后既未伸长也未缩短。

被弯曲板材宽度方向的变化如图 4-3 所示。图中 b 为板宽,t 为板厚,$b<3t$ 的板称为窄板;弯曲后,内层区的材料向宽度方向分散,而使宽度增加,外层区宽度减小,原矩形截面变成了扇形,如图 4-3(a)所示;图 4-3(b)所示为宽板弯曲,由于横向变形阻力较大,其断面形状几乎不变,保持矩形。

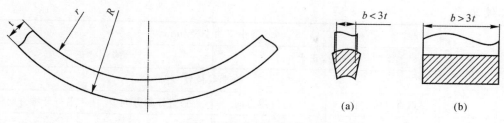

图 4 - 3 弯曲件剖面的变形

(a)窄板； (b)宽板

2.弯曲件的工艺性

弯曲件的工艺性是指弯曲件的形状、尺寸和材料的选用及技术要求等是否满足弯曲加工的工艺要求。弯曲件结构工艺性的影响因素包括弯曲半径、弯曲件的几何形状、材料的力学性能及尺寸精度等。

(1)弯曲件的精度对弯曲的影响

弯曲件的精度受毛坯定位、偏移、翘曲以及回弹等因素的影响，一般弯曲的工序数目越多，精度越低。一般弯曲件的经济公差等级在 IT13 级以下，角度公差大于 0.5°，要达到精密级的精度时需加整形工序。

(2)弯曲件的弯曲半径对弯曲的影响

弯曲半径是指弯曲时，在保证外层纤维不发生破坏的条件下，所能弯曲零件内表面的最小圆角半径，它表示弯曲时的成形极限。弯曲半径值的大小与材料的种类、弯曲角度的大小、材料表面质量、毛坯边缘质量、毛坯的宽度与厚度，以及材料的轧制方向有关。常用板材的最小弯曲半径见表 4 - 1。

表 4 - 1 常用板材的最小弯曲半径

材 料	最小弯曲半径/mm			
	退火或正火		冷作硬化	
	弯曲线位置			
	垂直纤维方向	平行纤维方向	垂直纤维方向	平行纤维方向
08～10	0	$0.4t$	$0.4t$	$0.8t$
15～20	$0.1t$	$0.5t$	$0.5t$	$1.0t$
25～30	$0.2t$	$0.6t$	$0.6t$	$1.2t$
35～40	$0.3t$	$0.8t$	$0.8t$	$1.5t$
45～50	$0.5t$	$1.0t$	$1.0t$	$1.7t$
硬铝(软)	$1.0t$	$1.5t$	$1.5t$	$2.5t$
硬铝(硬)	$2.0t$	$3.0t$	$3.0t$	$4.0t$
1Cr18Ni9Ti	$1.0t$	$2.0t$	$3.0t$	$4.0t$
磷青铜	—	—	$1.0t$	$3.0t$
黄铜(半硬)	$0.1t$	$0.35t$	$0.5t$	$1.2t$

续表

材　料	最小弯曲半径/mm			
	退火或正火		冷作硬化	
	弯曲线位置			
	垂直纤维方向	平行纤维方向	垂直纤维方向	平行纤维方向
黄铜(软)	$0.1t$	$0.35t$	$0.35t$	$0.8t$
紫铜	$0.1t$	$0.35t$	$1.0t$	$2.0t$
铝	$0.1t$	$0.35t$	$0.5t$	$1.0t$
镁合金 MB1	加热到300～400℃		冷作硬化状态	
	$2.0t$	$3.0t$	$6.0t$	$8.0t$
钛合金 BT5	加热到300～400℃		冷作硬化状态	
	$3.0t$	$4.0t$	$5.0t$	$6.0t$

　　通常弯曲件的弯曲半径不宜过大也不宜过小。过大因受回弹的影响，弯曲件的精度不易保证；过小时可能会产生拉裂。弯曲半径应大于表4-1所列的许可最小相对弯曲半径。如需要小弯曲半径，应采用多次弯曲，并且在两次弯曲之间增加退火工序。对较厚的弯曲件可在弯曲角内侧开槽后再进行弯曲，如图4-4所示。

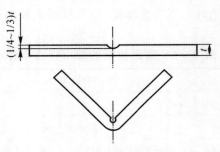

图4-4　开槽后再进行弯曲

　　(3)弯曲件结构对弯曲的影响

　　1)弯曲件的直边高度对弯曲的影响。弯曲件直边的高度过小，弯曲时的稳定性不好，很难得到尺寸精确的弯曲件。为了避免这种情况，应使直边部分的高度$h>r+2t$，如图4-5(a)所示；当$h<r+2t$时，则应在弯曲部分加工出槽，使之更易弯曲，或者加大弯边高度h，在弯曲完成后再切去加高部分，如图4-5(b)所示。

　　2)弯曲件孔边距离对弯曲的影响。弯曲前冲孔的工序件在弯曲时，如果孔位置位于弯曲变形区内，则孔的形状在弯曲后会发生畸变。因此，孔边到弯曲半径r中心的距离要满足以下关系：$t<2$ mm时，$L \geqslant t$；$t>2$ mm时，$L \geqslant 2t$，如图4-6所示。

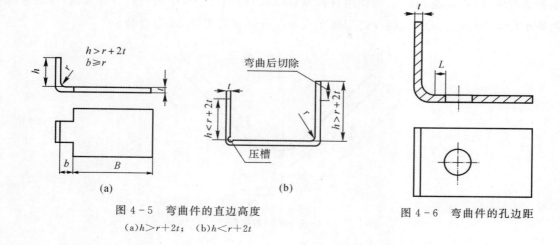

图 4 - 5　弯曲件的直边高度

(a)$h>r+2t$；　(b)$h<r+2t$

图 4 - 6　弯曲件的孔边距

3)弯曲件形状与直边的对称性对弯曲的影响。U 形件的形状与直边应尽可能对称、弯曲半径左右一致。当冲压不对称的弯曲件时,因受力不均匀,毛坯容易偏移,尺寸不易保证;为防止毛坯的偏移,在设计模具结构时应考虑增设压料板,或在弯曲件上增加定位工艺孔。

(4)其他因素对弯曲件工艺性的影响

1)弯曲件材料对弯曲的影响。如果弯曲件的材料具有足够的塑性,屈强比小,屈服点与弹性模量的比值小,则有利于弯曲成形和工件质量的提高,如软钢、黄铜和铝等材料的弯曲成形性能较好。反之脆性较大的材料,如磷青铜、铍青铜、65Mn 等,则最小相对弯曲半径大,回弹大,不利于成形。

2)冲裁毛刺与弯曲方向。弯曲件的毛坯都是经过冲裁或裁剪得到的,其断面有一侧是光亮的,而另一侧是有毛刺的。当毛刺面作为外表面进行弯曲时,制件易产生裂纹和擦伤,因此弯曲时应将毛刺面作为弯曲内表面;若在弯曲时必须将毛刺面放置在外侧时,则应尽量加大弯曲半径。

3)板料的方向性对折弯的影响。弯曲所用的板料,经多次轧制后具有方向性。顺着纤维方向的塑性指标优于与纤维方向相垂直的方向。当弯曲件的弯曲线与纤维方向垂直时,材料具有较大的拉伸强度,不易拉裂;而平行时,则最小相对弯曲半径数值最大。因此,对于弯曲半径较小或者塑性较差的弯曲件,弯曲线应尽可能垂直于轧制方向。当弯曲件为双侧弯曲并且弯曲半径又较小时,排样时应设法使弯曲线与板料轧制方向成一定角度。

4.2.2　弯曲件工艺分析

图 4 - 7 所示的 V 形弯曲件,材料为 Q235A 钢板,料厚 3 mm。生产批量为中等生产批量。

使用已经冲裁好外形的板料,进行 V 形弯曲件工艺分析,设计 V 形弯曲模具。

图 4 - 7 所示的 V 形弯曲件的结构简单,弯曲成 90°,对弯曲有利。制件无尺寸公差要求,

为普通弯曲件,取公差 IT14。所使用材料为 Q235 普通钢材,查《中国模具设计大典》得该材料的最小弯曲半径 $r_{\min}=0.5t$,制件的弯曲半径为 5 mm,满足要求,不会弯裂。

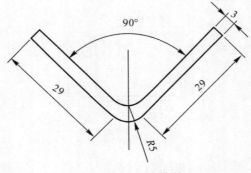

图 4-7 V 形弯曲件

4.2.3 弯曲工艺计算

1. 弯曲力的计算

(1)自由弯曲时的弯曲力

对于 V 形件,弯曲力为

$$F_{自}=\frac{0.6kbt^{2}\sigma_{b}}{r+t} \qquad (4-1)$$

对于 U 形件,弯曲力为

$$F_{自}=\frac{0.7kbt^{2}\sigma_{b}}{r+t} \qquad (4-2)$$

式中:$F_{自}$—— 弯曲结束时的自由弯曲力,N;

b—— 弯曲件的宽度,mm;

t—— 弯曲件的厚度,mm;

r—— 弯曲件的弯曲半径,mm;

σ_{b}—— 材料的抗拉强度极限,MPa;

k—— 安全系数,一般取 1.3。

(2)校正弯曲力

校正弯曲是在自由弯曲阶段后,进一步对贴合凸模、凹模表面的弯曲件进行挤压的过程。其校正力比自由压弯力大得多,由于这两个先后作用,校正弯曲时只需计算校正弯曲力,即

$$F_{校}=Ap \qquad (4-3)$$

式中:$F_{校}$—— 校正弯曲力,N;

A—— 校正部分投影面积,mm^{2};

p—— 单位校正力,MPa,其值见表 4-2。

表 4 − 2　单位校正力 p 值

材　料	单位校正力 p/MPa			
	材料厚度<1 mm	材料厚度 1~3 mm	材料厚度 3~6 mm	材料厚度 6~10 mm
铝	15~20	20~30	30~40	40~50
黄铜	20~30	30~40	40~60	60~80
10~20 钢	30~40	40~60	60~80	80~10
25~30 钢	40~50	50~70	70~100	100~120

（3）顶件力或压料力

对于设有顶件装置或压料装置的弯曲模,其顶件力或压料力 F 值可近似取自由弯曲力的 $30\% \sim 80\%$,即

$$F = (0.3 \sim 0.8) F_{自} \tag{4-4}$$

（4）弯曲时压力机压力的确定

对于有压料的自由弯曲,其压力机总压力近似为

$$F_{压} = F_{自} + F \tag{4-5}$$

对于校正弯曲,由于校正力是发生在接近下死点位置,校正力与自由弯曲力并非重叠关系,而且校正力的数值比压料力大得多,F 值可以忽略不计,因此,只按校正力选择设备即可,即

$$F_{压} = F_{校} \tag{4-6}$$

在自由弯曲时,对于机械压力机,如果额定压力等于或略大于弯曲力,可能使压力机短时间过载。为了确保压力机的安全,可将计算的弯曲力限制在压力机额定压力的 $75\% \sim 80\%$,并据此确定机械压力机的额定压力。校正弯曲时,最大弯曲力总是在凸模处于下死点时出现。选择压力机时,要使其额定压力有足够的富余,大于计算校正弯曲力的 $1.5 \sim 2$ 倍。

2.展开长度计算

（1）弯曲中性层位置的确定

中性层是指弯曲制件中应变为零的一层材料,根据中性层的定义,弯曲件的坯料长度应等于中性层的展开长度,中性层位置以曲率半径 ρ 表示,如图 4−2 所示。通常用下面的经验公式确定:

$$\rho = r + xt \tag{4-7}$$

式中:r—— 弯曲内圆角半径,mm;

t—— 材料厚度,mm;

x—— 中性层位移系数,其值可由表 4−3 查得。

表 4 − 3　中性层位移系数值

r/t	0.1	0.2	0.25	0.3	0.4	0.5	0.8
x	0.23	0.28	0.30	0.31	0.32	0.33	0.34
r/t	1.0	1.5	2.0	3.0	4.0	5.0	6.5
x	0.35	0.37	0.40	0.43	0.45	0.48	0.5

(2)弯曲件毛坯展开长度的计算

对于形状比较简单、尺寸精度要求不高的弯曲件,可直接采用下面介绍的方法计算坯料长度。而对于形状比较复杂或精度要求高的弯曲件,在利用公式初步计算坯料长度后,还需反复试弯不断修正,才能最后确定坯料的形状及尺寸。

弯曲件展开长度包括直边部分和弯曲部分。直边部分的长度在弯曲前后不发生变化,而弯曲的圆角部分长度则需要考虑材料的变形和应变中性层的相对移动,可根据不同的情况计算。整个毛坯的展开尺寸应等于弯曲零件各部分长度的总和。

1)圆角半径 $r > 0.5t$ 的弯曲件。有圆角的弯曲件,毛坯展开尺寸等于弯曲件直线部分长度与圆弧部分长度的总和,即

$$L = l_1 + l_2 + \frac{\pi\alpha}{180}\rho = l_1 + l_2 + \frac{\pi\alpha}{180}(r + xt) \tag{4-8}$$

式中:L——弯曲件毛坯总长度,mm;

l_1,l_2——各段直线部分长度,mm;

α——弯曲中心角,(°);

r——圆弧部分弯曲半径,mm;

x——圆弧部分中性层位移系数。

2)圆角半径 $r < 0.5t$ 的弯曲件。对于 $r < 0.5t$ 的弯曲件,由于弯曲变形时不仅制件的圆角变形区产生严重变薄,而且与其相邻的直边部分也变薄,因此应按变形前后体积不变条件确定坯料长度,通常采用表 4-4 给出的经验公式计算。

表 4-4 圆角半径 $r < 0.5t$ 的弯曲件展开长度经验公式

简 图	计算公式	简 图	计算公式
	$L = L_1 + L_2 + 0.4t$		$L = L_1 + L_2 + L_3 + 0.6t$ (一次同时弯曲两个角)
	$L = L_1 + L_2 - 0.43t$		$L = L_1 + 2L_2 + 2L_3 + t$ (一次同时弯曲四个角) $L = L_1 + 2L_2 + 2L_3 + 1.2t$ (分两次弯曲四个角)

3)铰链式弯曲件。铰链式弯曲件毛坯展开长度的计算和一般弯曲件尺寸计算相似,所不同的只是中性层由材料厚度中间向弯曲外侧移动。通常采用推卷的方法成形,对于 $r = (0.6 \sim 3.5)t$ 的铰链件,其坯料长度可采用下式近似计算:

$$L = l + 1.5\pi(r + x_1 t) + r \approx l + 5.7r + 4.7x_1 t \tag{4-9}$$

式中:L——弯曲件毛坯总长度,mm;

l——直线部分长度,mm;

r——铰链内半径,mm;

x_1—— 卷边中性层位移系数,见表 4 - 5。

表 4 - 5　卷边中性层位移系数

r/t	>0.5~0.6	>0.6~0.8	>0.8~1	>1~1.2	>1.2~1.5	>1.5~1.8	>1.8~2	>2~2.2	>2
x_1	0.76	0.73	0.7	0.67	0.64	0.61	0.58	0.54	0.5

3. 弯曲回弹计算

弯曲回弹直接影响了弯曲件的形状误差和尺寸公差,因此在模具设计和制造时,必须预先考虑材料的回弹值。根据经验数值和简单的计算来确定模具工作部分尺寸,然后在试模时进行修正。

对于小变形程度($r/t \geqslant 10$)的制件,卸载后弯曲件的弯曲圆角半径和弯曲角度都发生了较大的变化,凸模工作部分的圆角半径和角度可按照以下公式计算:

$$r_p = \frac{r}{1 + 3 \times \dfrac{\sigma_s}{E} \times \dfrac{r}{t}} \tag{4-10}$$

$$\alpha_p = \frac{r}{r_p}\alpha \tag{4-11}$$

式中:r—— 工件的圆角半径,mm;

$\quad r_p$—— 凸模的圆角半径,mm;

$\quad \alpha$—— 工件的圆角半径 r 所对弧长的中心角,(°);

$\quad \alpha_p$—— 凸模的圆角半径 r_p 所对弧长的中心角,(°);

$\quad \sigma_s$—— 弯曲材料的屈服极限,MPa;

$\quad t$—— 弯曲材料厚度,mm;

$\quad E$—— 材料的弹性模量,MPa。

对于变形程度大($r/t < 5$)的制件,卸载后弯曲件圆角半径的变化很小,可以忽略不计,仅考虑弯曲中心角的回弹变化。表 4 - 6 为自由弯曲 V 形件弯曲中心角为 90°时部分材料的平均回弹角。当弯曲角不是 90°时,其回弹角则可采用下面的公式计算:

$$\alpha = \frac{\alpha}{90}\Delta\alpha_{90} \tag{4-12}$$

式中:$\Delta\alpha$—— 弯曲件的弯曲中心角为 α 时的回弹角,(°);

$\quad \alpha$—— 弯曲件的弯曲中心角,(°);

$\quad \Delta\alpha_{90}$—— 弯曲中心角为 90°时的回弹角,具体可查表 4 - 6。

表 4 - 6　自由弯曲 V 形件弯曲中心角为 90°时部分材料的回弹角

材料及强度		r/t	材料厚度 t/mm		
			<0.8	0.8~2	>2
软钢板	$\sigma_b = 350$ MPa	<1	4°	2°	0°
钢	$\sigma_b = 350$ MPa	1~5	5°	3°	1°
黄铜、铅和锌	$\sigma_b = 350$ MPa	>5	6°	4°	2°
中等硬度的钢	$\sigma_b = 400 \sim 500$ MPa	<1	5°	2°	0°

续表

材料及强度		r/t	材料厚度 t/mm		
			<0.8	0.8~2	>2
硬黄铜 硬青铜	σ_b＝350~400 MPa	1~5	6°	3°	1°
		>5	8°	5°	3°
硬钢 σ_b>550 MPa		<1	7°	4°	2°
		1~5	9°	5°	3°
		>5	12°	7°	6°
AlT 钢 电工钢 XH78T(俄罗斯)		<2	1°	1°	1°
		2~5	4°	4°	4°
		>5	5°	5°	5°
30CrMnSiA		<2	2°	2°	2°
		2~5	4°30′	4°30′	4°30′
		>5	8°	8°	8°
硬铝 2A12		<2	2°	3°	4°30′
		2~5	4°	6°	8°30′
		>5	6°30′	10°	14°
超硬铝 7A04		<2	2°30′	5°	8°
		2~5	4°	8°	11°30′
		>5	7°	12°	19°

4.2.4 弯曲件毛坯尺寸的计算

1. V 形件的弯曲力计算

查阅相关手册可知 Q235 的抗剪强度为 310~380 MPa,抗拉强度为 375~460 MPa,屈服强度为 235 MPa,弹性模量为 206×10^3 MPa。根据弯曲力计算式(4-1)和式(4-4)得

$$F_自 = \frac{0.6kb\,t^2\,\sigma_b}{r+t} = \frac{0.6 \times 1.3 \times 60 \times 3^2 \times 400}{5+3}\text{ N} = 21\,060\text{ N} \approx 21.1\text{ kN}$$

$$F = (0.3 \sim 0.8)\,F_自 = 10.55\text{ kN}$$

根据式(4-5)可得,弯曲时的弯曲压力为

$$F_压 = F_自 + F = 31.65\text{ kN}$$

故根据弯曲压力,查阅手册可选用公称压力 40 kN 的开式压力机,滑块行程为 40 mm,行程为 200 次·min^{-1},最大封闭高度为 160 mm。

2. V 形件展开长度计算

1) 根据 r/t,由表 4-3 查出应变中性层位移系数 x 值;

2）根据式（4-7）计算中性层弯曲半径：

$$\rho = r + xt = (5 + 0.38 \times 3) \text{ mm} = 6.14 \text{ mm}$$

3）根据式（4-8）计算毛坯展开尺寸：

$$L = l_1 + l_2 + \frac{\pi\alpha}{180}\rho = \left(29 + 29 + \frac{\pi \times \frac{\pi}{2}}{180} \times 6.14\right) \text{ mm} = 58.17 \text{ mm}$$

4.2.5　弯曲模模具结构

1. 弯曲模具分类

1）V 形件弯曲模。图 4-8(a)所示为简单的 V 形件弯曲模，其特点是结构简单、通用性好，但弯曲时坯料容易偏移，影响零件精度。图 4-8(b)～(d)所示分别为带有定位尖、顶杆、V 形顶板的模具结构，可以防止坯料滑动，提高工件精度。图 4-8(e)所示的 V 形件弯曲模由于有压料板及定位销，可以防止弯曲时毛坯的滑动，弯曲精度高，边长公差可达±0.1 mm，这是其他形式的弯曲模达不到的。

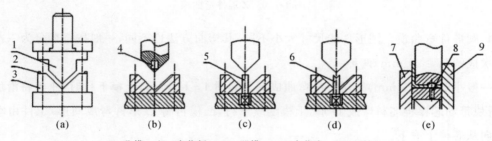

1—凸模；　2—定位板；　3—凹模；　4—定位尖；　5—顶杆；

6—V 形顶板；　7—顶板；　8—定料销；　9—反侧压块

图 4-8　V 形件弯曲模

2）U 形件弯曲模。常用的 U 形弯曲模有图 4-9 所示的几种结构。

图 4-9(a)所示为无底凹模，用于底部不要求平整的制件；图 4-9(b)用于底部要求平整的弯曲件；图 4-9(c)为 U 形精弯模，两侧的凹模活动镶块用转轴分别与顶板铰接。弯曲前顶杆将顶板顶出凹模面，同时顶板与凹模活动镶块成一平面，镶块上有定位销供工序间定位用；弯曲时工序件与凹模活动镶块一起活动，这样就保证了两侧孔的同轴。

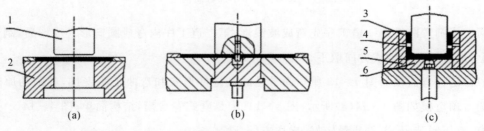

1—凸模；　2—凹模；　3—凹模活动镶块；　4—定位销；　5—转轴；　6—顶板

图 4-9　U 形模弯曲模

3)Z形件弯曲模。Z形件一次弯曲即可成形。图4-10(a)所示模具简单,没有压料装置,压弯时坯料容易滑动,只适用于精度要求不高的零件;图4-10(b)为有顶板和定位销的Z形件弯曲模,能有效防止坯料的偏移。反侧压块的作用是克服上、下模之间的水平方向的错移力,同时也为顶板导向。

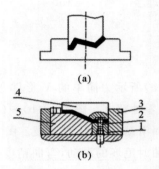

1—顶板; 2—定位销; 3—反侧压板; 4—凸模; 5—凹模

图4-10 Z形件弯曲模

4)圆形件弯曲模。圆形件的尺寸大小不同,其弯曲方法也不同,一般按直径分为一次成圆和两次成圆($d\geqslant20$ mm)两种。

一般小圆($d\leqslant5$ mm)采用一次弯曲成圆。如图4-11所示,上模下行时,压板将滑块向下压,滑块带动芯棒将坯料弯成U形,上模继续下行,凸模再将U形件弯成圆形,工件由垂直图面方向从芯棒上取下。

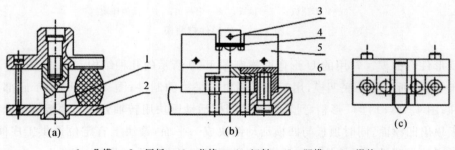

1—凸模; 2—压板; 3—芯棒; 4—坯料; 5—凹模; 6—滑块

图4-11 小圆弯曲模

两次成圆弯曲模第一道工序先弯成波浪形,第二道工序内弯成圆筒形。成形后,制件套在凸模上,工件沿凸模轴线方向取下,如图4-12所示。

5)铰链件弯曲模。图4-13所示为常见的铰链件形式和弯曲工序安排,卷圆的原理通常是推圆。预弯模如图4-14(a)所示;图4-14(b)是立式卷弯模,结构简单;图4-14(c)是卧式卷圆模,有压料装置,工件质量较好,操作方便。

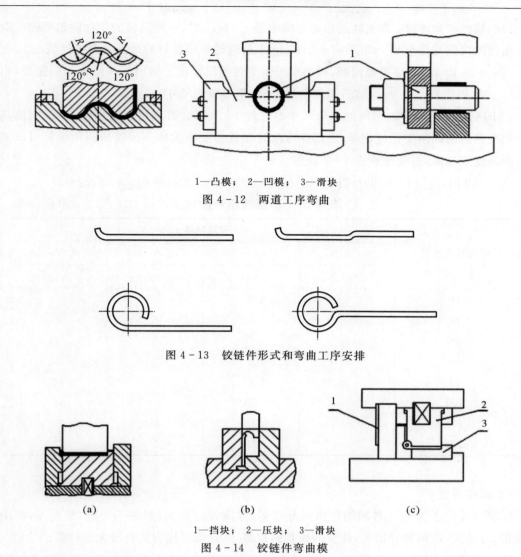

1—凸模；　2—凹模；　3—滑块

图 4 - 12　两道工序弯曲

图 4 - 13　铰链件形式和弯曲工序安排

1—挡块；　2—压块；　3—滑块

图 4 - 14　铰链件弯曲模

2. 弯曲模工作部分尺寸设计

(1)凸模和凹模的圆角半径

弯曲模工作部分的尺寸如图 4 - 15 所示。

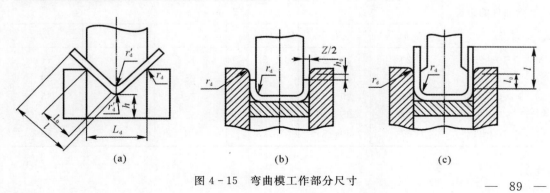

图 4 - 15　弯曲模工作部分尺寸

1)凸模的圆角半径。当工件的相对弯曲半径 r/t 较小时,一般凸模的工作圆角半径 r_p 取等于弯曲件的内侧弯曲半径 r,但不应小于表 4-1 所列的常用板材的最小弯曲半径值 r_{min}。

当 $r/t > 10$ 时,则应考虑回弹,将凸模圆角半径加以修正。如因工件结构上的需要,出现 $r < r_{min}$ 时,则应取 $r_p > r_{min}$,然后添加整形工序,整形模的尺寸为 $r_p = r$。

2)凹模的圆角尺寸。凹模的圆角尺寸不宜过小,否则会造成材料表面擦伤,影响模具寿命。凹模两边的圆角半径应相等,否则在弯曲时坯料会发生偏移。凹模的圆角半径可以通过材料的厚度来选取,可通过查表 4-7 获得。

当 $t < 2$ 时,$r_d = (3 \sim 6)t$;当 $t = 2 \sim 4$ 时,$r_d = (2 \sim 3)t$;当 $t > 4$ 时,$r_d = 2t$。

表 4-7　凹模圆角半径 r_d　　　　单位:mm

弯曲件直边长	材料厚度 t			
	<0.5	$>0.5 \sim 2.0$	$>2.0 \sim 4.0$	$>4.0 \sim 8.0$
	r_d	r_d	r_d	r_d
10	3	3	4	—
20	3	4	5	8
35	4	5	6	8
50	5	6	8	10
75	6	8	10	12
100	—	10	12	15
150	—	12	15	20
200	—	15	20	25

(2)凹模深度

凹模深度 l_0 过小时,工件两端自由部分过多,弯曲件回弹大,制件不平直,精度差,影响零件质量;若过大,凹模尺寸增大,耗费的模具钢材多,并且需要压力机有较大的行程。

1)V 形件弯曲模的凹模深度。底部最小高度 h 和凹模深度 l_0 可查表 4-8,但要保证凹模开口宽度 L_d 不能大于弯曲坯料展开长度的 0.8 倍。

表 4-8　V 形件弯曲模底部最小高度 h 和凹模深度 l_0　　　　单位:mm

弯曲件的边长	材料厚度					
	$\leqslant 2$		$2 \sim 4$		>4	
	h	l_0	h	l_0	h	l_0
$10 \sim 25$	20	$10 \sim 25$	22	15	—	—
$>25 \sim 50$	22	$15 \sim 20$	27	25	32	30
$>50 \sim 75$	27	$20 \sim 25$	32	30	37	35
$>75 \sim 100$	32	$25 \sim 30$	37	35	42	40
$>100 \sim 175$	37	$30 \sim 35$	42	40	47	50

2)U 形件弯曲模的凹模深度。对于弯边高度不大于或要求两边平直的 U 形件,其凹模深度应大于零件的高度,如图 4-15 所示,图中 h_0 见表 4-9。对于弯边高度较大,而平直度要求不高的 U 形件,可采用图 4-15(c)所示的凹模形状,凹模深度 l_0 值见表 4-10。

表 4-9　U 形件弯曲模凹模 h_0 值　　　　　　　　单位:mm

材料厚度	≤1	1~2	2~3	3~4	4~5	5~6	6~7	7~8	8~10
h_0	3	4	5	6	8	10	25	20	25

表 4-10　U 形件弯曲模凹模 l_0 值　　　　　　　　单位:mm

弯曲件直边长	材料厚度				
	<1	1~2	2~4	4~6	6~10
<50	15	20	25	30	35
50~75	20	25	30	35	40
75~100	25	30	35	40	45
100~150	30	35	40	50	50
150~200	40	45	55	65	65

(3)凸、凹模间隙

V 形件弯曲模的凸、凹间隙是靠调整压力机的闭合高度来控制的,设计时可以不考虑。弯曲 U 形件时,其凸、凹模间隙 Z 的大小,对弯曲件质量有直接影响。过大的间隙将引起回弹角的增大;过小时会引起工件材料厚度变薄,降低模具使用寿命。U 形件弯曲模的凸、凹模单边间隙值一般可按下式计算:

$$Z/2 = t_{max} + C = t + \Delta + Ct \qquad (4-13)$$

式中:$Z/2$——弯曲模凸、凹模单边间隙;

　　　t——材料厚度,mm;

　　　Δ——材料厚度正偏差,见表 4-11;

　　　C——根据弯曲件高度和弯曲线长度而决定的系数(间隙系数),见表 4-12。

当工件精度要求较高时,其间隙应适应缩小,取 $Z/2 = t$。

表 4-11　板料的厚度正偏差　　　　　　　　单位:mm

钢板厚度	A	B	C	
	高级精度	较高精度	普通精度	
	冷轧优质钢板	普通和优质钢板		
	冷轧和热轧		热轧	
	全部宽度		宽度<1000	宽度≥1000
0.2~0.4	±0.03	±0.04	±0.06	±0.06
0.45~0.5	±0.04	±0.05	±0.07	±0.07
0.55~0.6	±0.05	±0.06	±0.08	±0.08
0.7~0.75	±0.06	±0.07	±0.09	±0.09

续 表

钢板厚度	A	B	C	
	高级精度	较高精度	普通精度	
	冷轧优质钢板	普通和优质钢板		
	冷轧和热轧		热轧	
	全部宽度		宽度<1000	宽度≥1000
1.0~1.1	±0.07	±0.09	±0.12	±0.12
1.2~1.25	±0.09	±0.11	±0.13	±0.13
1.4	±0.10	±0.12	±0.15	±0.15
1.5	±0.11	±0.12	±0.15	±0.15
1.6~1.8	±0.12	±0.14	±0.16	±0.16
2.0	±0.13	±0.15	+0.15 −0.18	±0.18
2.2	±0.14	±0.16	+0.15 −0.19	±0.19
2.5	±0.15	±0.17	+0.16 −0.20	±0.20
2.8~3.0	±0.16	±0.18	+0.17 −0.22	±0.22
3.2~3.5	±0.18	±0.20	+0.18 −0.25	±0.25
3.8~4.0	±0.20	±0.22	+0.20 −0.30	±0.30

表 4-12 U 形件弯曲模凸、凹模的间隙系数 C 值

弯曲件长度/mm	弯曲件宽度 $B \leqslant 2H$				弯曲件宽度 $B > 2H$				
	材料厚度/mm								
	<0.5	0.6~2	2.1~4	4.1~5	<0.5	0.6~2	2.1~4	4.1~7.5	7.6~12
10	0.05	0.05	0.04	—	0.10	0.10	0.08	—	—
20	0.05	0.05	0.04	0.03	0.10	0.10	0.08	0.06	0.06
25	0.07	0.05	0.04	0.03	0.15	0.10	0.08	0.06	0.06
50	0.10	0.07	0.05	0.04	0.20	0.15	0.10	0.06	0.06
70	0.10	0.07	0.05	0.05	0.20	0.15	0.10	0.10	0.08
100	—	0.07	0.05	0.05	—	0.15	0.10	0.10	0.08
150	—	0.10	0.07	0.07	—	0.20	0.15	0.10	0.10
200	—	0.10	0.07	0.07	—	0.20	0.15	0.15	0.10

(4)凸模和凹模工作部分的尺寸和公差

1)用外形尺寸标注的弯曲件。

工件为双向偏差时,如图 4 - 16(a)所示,凹模尺寸为

$$L_\mathrm{d} = \left(L - \frac{1}{2}\Delta\right)^{+\delta_\mathrm{d}} \tag{4-14}$$

工件为单项偏差时,如图 4 - 16(b) 所示,凹模尺寸为

$$L_\mathrm{d} = \left(L - \frac{3}{4}\Delta\right)^{+\delta_\mathrm{d}} \tag{4-15}$$

如图 4 - 16(c) 所示,凸模尺寸为

$$L_\mathrm{d} = (L - 2Z)_{-\delta_\mathrm{p}} \tag{4-16}$$

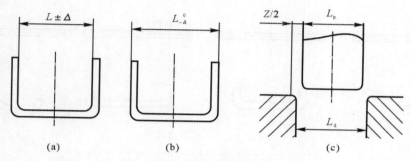

图 4 - 16　用外形尺寸标注的弯曲件

2) 用内形尺寸标注的弯曲件。

工件为双向偏差时,如图 4 - 17(a) 所示,凸模尺寸为

$$L_\mathrm{p} = \left(L + \frac{1}{2}\Delta\right)_{-\delta_\mathrm{p}} \tag{4-17}$$

工件为单向偏差时,如图 4 - 17(b) 所示,凸模尺寸为

$$L_\mathrm{d} = \left(L + \frac{3}{4}\Delta\right)_{-\delta_\mathrm{p}} \tag{4-18}$$

如图 4 - 17(c) 所示,凹模尺寸为

$$L_\mathrm{d} = (L + 2Z)^{+\delta_\mathrm{d}} \tag{4-19}$$

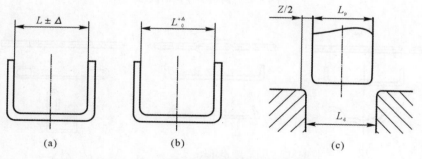

图 4 - 17　用内形尺寸标注的弯曲件

式中:$L_\mathrm{p}, L_\mathrm{d}$——凸模和凹模宽度,mm;

L——弯曲件宽度的基本尺寸,mm;

Δ—— 弯曲件宽度的尺寸偏差，mm；

Z—— 凸模与凹模间隙（单边），mm；

δ_p, δ_d—— 凸、凹模的制造偏差（IT7～IT9级），mm。

3.弯曲件的工序

弯曲件的工序安排应根据工件形状的复杂程度、精度要求、生产批量大小以及材料的力学性能综合考虑。合理的弯曲工序，既可以减少工序，又可以保证工件的质量。

（1）对称弯曲件

对于形状对称的弯曲件，如图4-18中的V形件、U形件、L形件以及Z形件可以一次弯曲成形。

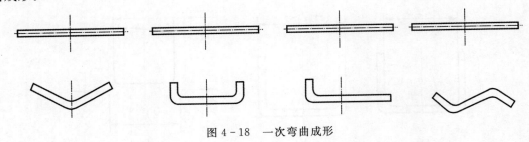

图4-18 一次弯曲成形

（2）形状复杂的弯曲件

如图4-19和图4-20所示的弯曲件，需要多次弯曲成形。但对于某些尺寸小、材料薄、形状复杂的弹性接触件，应采用一次复合成形较为有利。如果多次弯曲，定位不准确，操作不方便，同时经过多次弯曲材料容易失去弹性。

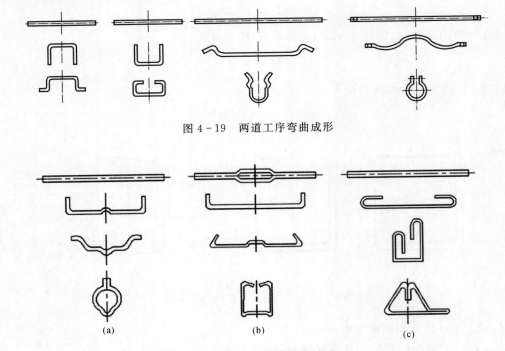

图4-19 两道工序弯曲成形

(a)　　　　　　　　(b)　　　　　　　　(c)

图4-20 三道工序弯曲成形

（3）批量大、尺寸小的弯曲件

批量大、尺寸小的弯曲件，为了提高生产效率可以采用多工位的冲裁、压弯、切断等连续工序成形，如图 4 - 21 所示。

（4）非对称的弯曲件

弯曲件本身带有几何形状时，若单件压弯毛坯易发生滑移，可以采用成对弯曲成形，最后切开，如图 4 - 22 所示。

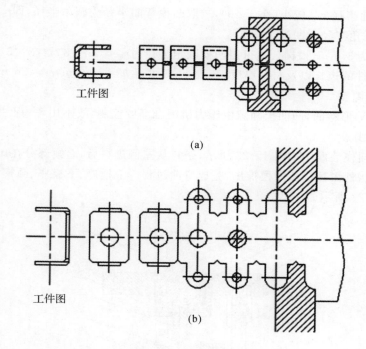

图 4 - 21　连续工序成形

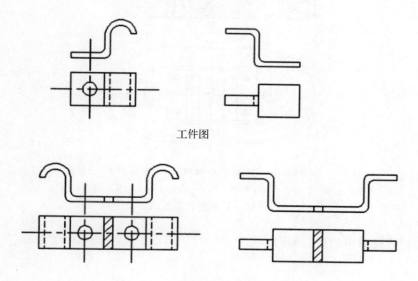

图 4 - 22　成对弯曲成形

4.2.6 弯曲模模具图绘制

1. V形件弯曲模具结构的确定

V形件结构简单,由工艺分析可知,适合采用单工序弯曲。

2. V形件弯曲模工作部分尺寸设计

(1)凸模圆角半径

由于相对弯曲半径 r/t 较小(小于10),故取凸模弯曲半径为圆角半径,即 $r_p = r = 5$ mm。

(2)凹模的圆角半径和凹模工作深度

1)制件厚度为3 mm,根据公式可得凹模圆角半径为 $r_d = (2 \sim 3)t = 2 \times 3$ mm = 6 mm。

2)根据弯曲件的边长以及材料厚度,查表4-8可得 $h = 27$ mm, $l_0 = 25$ mm。

(3)凸凹模间隙

由于制件为V形弯曲,凸凹模间隙由压力机闭合高度控制,故不用考虑凸凹模间隙。

3. 模具装配图

V形件的弯曲模装配图如图4-23所示,条料从左侧进料后,上模部分在压力机的作用下下行,进行弯曲,制件由顶杆从凹模推出,完成弯曲过程。上模座、下模座、凸模、凹模零件图如图4-24~图4-27所示。

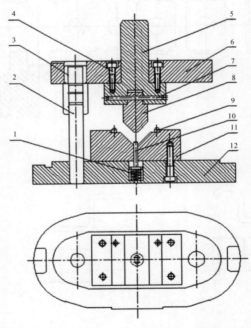

1—弹簧; 2—导柱; 3—导套; 4—螺钉; 5—模柄; 6—上模座;
7—定位销; 8—凸模; 9—导料销; 10—顶杆; 11—凹模; 12—下模座

图4-23 V形模具装配图

V形弯曲模具视频请扫描二维码。

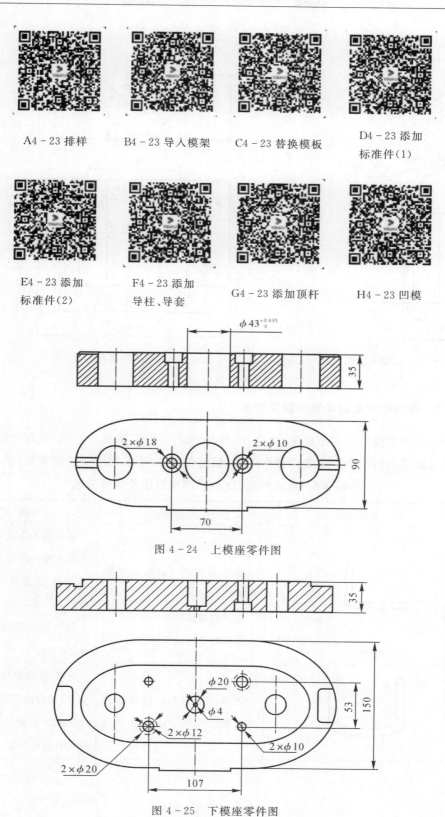

A4－23 排样　　B4－23 导入模架　　C4－23 替换模板　　D4－23 添加
标准件(1)

E4－23 添加　　F4－23 添加　　G4－23 添加顶杆　　H4－23 凹模
标准件(2)　　导柱、导套

图 4－24　上模座零件图

图 4－25　下模座零件图

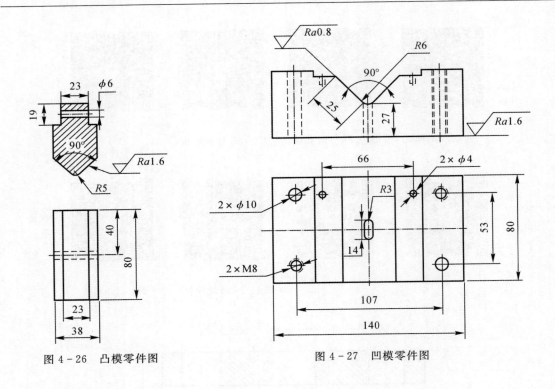

图 4-26 凸模零件图

图 4-27 凹模零件图

4.2.7 弯曲中常见的问题和解决措施

生产中或者试模时如果出现废、次品,应及时分析产生废、次品的原因,并有针对性地采取相应措施对缺陷进行消除。弯曲件常见废、次品的类型、产生原因以及消除方法,见表 4-13。

表 4-13 弯曲件废、次品的产生原因及消除方法

缺陷类型	缺陷简图	产生原因	消除方法
弯裂	裂纹	凸模弯曲半径过小; 毛坯毛刺的一面处于弯曲外侧; 板材的塑性较低; 落料时毛坯硬化层过大	适当增大凸模圆角半径; 将毛刺一面处于弯曲内侧; 用经退火或塑性较好的材料; 弯曲线与纤维方向垂直或成 45° 方向
底部不平	不平	弯曲时板料与凸模底部没有靠紧	采用带有弹性压料顶板的模具,在弯曲开始时顶板便对毛坯施加足够的压力,最后对弯曲件进行校正

续表

缺陷类型	缺陷简图	产生原因	消除方法
翘曲		由变形区应变状态引起,横向应变(沿弯曲线方向)在中性层外侧是压应变,在中性层内侧是拉应变,故横向便形成翘曲	采用校正形弯曲,增加单位面积压力; 根据翘曲量修正凸模与凹模
孔不同轴	 轴心线错移　　轴心线倾斜	弯曲时毛坯产生了偏移,故引起孔中心线错移; 弯曲后的回弹使孔中心线倾斜	毛坯要定位准确,保证左右弯曲直边高度一致; 设置防止毛坯窜动的定位销或压料顶板,减小工料回弹
直边高度不稳定		直边高度尺寸太小; 凹模圆角不对称; 弯曲过程中毛坯偏移	直边高度不能小于最小弯曲高度; 修正凹模圆角; 采用弹性压料装置或工艺孔定位
表面擦伤	 擦伤	金属微粒附着在模具工作部分表面上; 凹模圆角半径过小; 凸、凹模的间隙过小	清除模具工作部分表面脏物,降低凸、凹模表面粗糙度; 适当增大凸模圆角半径; 采用合理的凸、凹模间隙
偏移		当为弯曲不对称形状工件时,毛坯在向凹模内滑动,两边受到的摩擦阻力不等,故发生尺寸偏移	采用弹性压料顶板的模具; 毛坯在模具中定位要准确; 在可能的情况下,采用双弯曲后,再切开
孔变形	 变形	孔边距弯曲线太近,在中性层内侧为压缩变形,而外侧为拉伸变形,故孔发生了变形	保证从孔边到弯曲半径 r 中心的距离大于一定值; 在弯曲部分设定工艺孔,以减轻弯曲变形的影响
弯曲角度变化		塑性弯曲时伴随着弹性变形,在弯曲工件从模具中取出后,弯曲角度发生了变化	以预定的回弹角来修正凸、凹模的角度,达到补偿目的; 采用校正形弯曲替代自由弯曲

续表

缺陷类型	缺陷简图	产生原因	消除方法
弯曲端面鼓起	鼓起	弯曲时中性层内侧的金属层纵向被压缩而缩短,宽度方向则伸长,故宽度方向边缘出现突起,多见于厚板小角度弯曲	在弯曲部位两端预先做成圆弧切口,将毛坯毛刺一边放在弯曲内侧
扭曲	扭曲 翘曲不平	由于毛坯两侧宽度、弯边高度相差悬殊,弯曲变形阻力不等。弯曲时,宽度窄、弯边高度低的一侧易产生扭曲。又因两端缺口较大,顶出部分压不住坯料,使带缺口的底部翘曲不平,加剧了弯边的扭曲	两侧增加工艺余料,弯曲后切除工艺余料。在产生扭曲的一侧和缺口处安装导板,可减轻扭曲程度
断面形状不良,棱角不清晰		因弯曲凸模底部呈锥形,它与凹模及顶板之间存在自由空间,毛坯与凸模锥面无法保证贴合。因此得不到理想的断面形状,工件底部与壁部的转折处为大圆弧过渡	在顶板上加橡胶垫,使毛坯在弯曲过程中,逐步包紧在凸模上,工件形状完全由凸模形状确定,能保证生产出合格工件

4.3 案例一:扩展 U 形弯曲件工艺及模具设计

案例任务:对 U 形制件(见图 4-28)进行弯曲模具设计。

制件描述:该 U 形件材料为 08F,厚度为 1.5 mm,具体尺寸参数如图 4-29 所示。

图 4-28　U 形弯曲制件

4.3.1　零件的冲压工艺分析

1. 结构分析

该 U 形弯曲制件冲压工艺包括冲裁、U 形弯曲等工序,经计算,材料在垂直于纤维方向和平行于纤维方向的最小弯曲半径均满足要求。

2. 材料分析

08F 是冲压用钢板中沸腾钢的一种,强度低,硬度、塑性、韧度好,易于深冲、拉延、弯曲和焊接。

3. 弯曲工艺分析

制件厚度是 1.5 mm,最小弯曲半径是 3 mm,08F 允许的最小弯曲半径为 $0.1t = 0.15$ mm,所以可以弯曲成形。当弯曲角度为 $90°$ 时,为了保证工件的弯曲质量,必须保证弯曲件的直边高度 $H > 2t$;若 $H < 2t$,则必须先压槽再弯曲成形。对于该制件,弯曲高度 $H = 14$ mm,大于 $2t$,所以不需压槽即可完成。

4. 冲压工艺方案的确定

由于该制件包含了多个冲压工序,由单一的冲裁、弯曲都完成不了,且造价比较高,精度难保证,因此,从制件精度和经济性上考虑,本制件采用多工位连续模生产。

综上分析,制件多工位连续模的设计需要解决以下问题:

1)工艺方案和模具结构应保证达到制件的尺寸要求和使用要求。

2)连续模的设计和工位安排要合理。

4.3.2　零件展长的计算与排样方案的确定

1. 零件展长的计算

由于 $r = 3$ mm,所以相对弯曲半径 r,因此,查表 4-14 可知中性层位移系数 $x = 0.4$。

表 4-14　中性层的位移系数 x 值

r/t	0.1	0.2	0.3	0.4	0.5	0.6	0.7	0.8	1.0	1.2	1.3	1.5	2.0
x	0.21	0.22	0.23	0.24	0.25	0.26	0.28	0.30	0.32	0.33	0.34	0.36	0.40

由式(4-7)计算得中性层弯曲半径为

$$\rho = r + xt = 3.6 \text{ mm}$$

圆角部分中性层弧长为

$$L_2 = \rho\pi/2 = 5.65 \text{ mm}$$

由式(4-8)计算得零件展开长度为

$$L = L_1 + 2L_2 + 3L_3 = (25 + 2 \times 5.65 + 2 \times 14) \text{ mm} = 64.3 \text{ mm}$$

零件展开如图 4-29 所示。

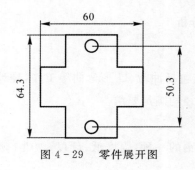

图 4 - 29　零件展开图

2.排样方案的设计

排样图如图 4 - 30 所示,采用无搭边条料,宽度为 64.3 mm,制件面积 $F = 2\ 679\ mm^2$,计算材料利用率为

$$\eta = \frac{1 \times 2\ 679}{64.3 \times 60} \times 100\% = 69.4\%$$

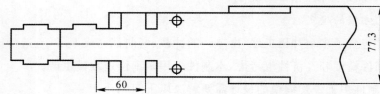

图 4 - 30　排样图

排样图涉及侧刃冲裁、冲孔、冲裁方形料、U 型弯曲、切断等五个工步。

根据公式计算步距精度:

$$\delta = \pm \frac{\beta}{2 \times \sqrt[3]{n}} k = \pm 0.041\ mm$$

式中:δ—— 多工位连续模步距对称偏差差值;

　　β—— 冲压件沿条料送进方向最大轮廓基本尺寸(展开后)精度提高三级后的实际公差值,$\beta = 0.1$;

　　n—— 模具设计的工位数,$n = 4$;

　　k—— 修正系数,$k = 1.3$。

4.3.3　冲压力及压力中心计算

1. 冲裁力计算

查得 08F 的抗剪强度 $\tau = 250$ MPa，抗拉强度 $\sigma_b = 320$ MPa，屈服强度 $\sigma_s = 180$ MPa，弹性模量 $E = 198\ 000$ MPa。

（1）冲侧刃所需的冲裁力

由式（3-3）计算，$L = 132$ mm，$t = 1.5$ mm，得

$$F_1 = (1.3 \times 132 \times 1.5 \times 250) \text{ N} = 64\ 350 \text{ N}$$

以条料最左端送料起点为原点，由式（3-22）和式（3-23）计算，压力中心分别为 $(150, 35.15)$，$(150, -35.15)$。

（2）冲导正销孔所需的冲裁力

冲导正销孔时，$L = 2\pi r = 25.133$ mm，$t = 1.5$ mm，冲导正销孔所需的冲裁力由式（3-3）计算，为

$$F_1 = (1.3 \times 25.133 \times 1.5 \times 250) \text{ N} = 12\ 252.33 \text{ N}$$

以条料最左端送料起点为原点，由式（3-22）和式（3-23）计算，该孔所处的压力中心坐标分别为 $(90, 25.15)$，$(90, -25.15)$。

（3）冲导方形料所需的冲裁力

冲裁方形料的冲裁力为

$$L = (15 \times 2 + 19.65 \times 2) \text{ mm} = 69.3 \text{ mm}$$
$$F = (1.3 \times 69.3 \times 1.5 \times 250) \text{ N} = 33\ 783.75 \text{ N}$$

以条料最左端送料起点为原点，由式（3-22）和式（3-23）计算，压力中心坐标分别为 $(7.5, 32.15)$，$(7.5, -32.15)$；$(52.5, 32.15)$，$(52.5, -32.15)$。

（4）弯曲力计算

由式（4-2）计算所需弯曲力，得

$$F_{自} = \frac{0.7kb\,t^2\,\sigma_b}{r+t} = \frac{0.7 \times 1.3 \times 30 \times 1.5^2 \times 320}{3 + 1.5} \text{ N} = 4\ 368 \text{ N}$$

以条料最左端送料起点为原点，由式（3-22）和式（3-23）计算，该弯曲所处压力中心的坐标为 $(-30, 0)$。

（5）切断冲裁力

由式（3-3）计算所需冲裁力，得

$$L = (25 + 60 \times 2) \text{ mm} = 170 \text{ mm}$$
$$F = 1.3Lt\tau = (1.3 \times 170 \times 1.5 \times 250) \text{ N} = 82\ 875 \text{ N}$$

以条料最左端送料起点为原点，该冲裁所处压力中心的坐标为 $(-90, 0)$。

2. 压力中心计算

根据式（3-22）和式（3-23），并结合表 4-15，计算压力中心：

$$x_0 = \frac{\sum\limits_{i}^{n} S_i x_i}{\sum\limits_{i}^{n} S_i} = 25.0$$

$$y_0 = \frac{\sum\limits_{i}^{n} S_i y_i}{\sum\limits_{i}^{n} S_i} = 0$$

故可得压力中心的坐标为(57.6,0)。

表 4-15 各冲裁力大小及压力中心计算

序 号	冲裁力/N	X_i/mm	Y_i/mm	$F_i X_i$/(N·mm)	$F_i Y_i$/(N·mm)
1	64 350	150	35.15	9 652 500	2 261 902.5
2	64 350	150	−35.15	9 652 500	−2 261 902.5
3	12 252.33	90	25.15	1 102 709.7	308 146
4	12 252.33	90	−25.15	1 102 709.7	−308 146
5	33 783.75	7.5	32.15	253 378.12	1 086 147.5
6	33 783.75	7.5	−32.15	253 378.12	−1 086 147.5
7	33 783.75	52.5	32.15	1 773 646.8	1 086 147.5
8	33 783.75	52.5	32.15	1 773 646.8	−1 086 147.5
9	4 368	−30	0	−131 040	0
10	82 875	−90	0	−7 458 750	0
11	375 582.66	480	0	16 871 969.5	0

3.总冲压力的计算

(1)卸料力计算

查《中国模具设计大典》,得$K_卸 = 0.04 \sim 0.05$,取 0.04。

$$F_卸 = K_卸 \, F_冲 = (0.04 \times 292\ 707.66)\ \text{N} = 11\ 708.3\ \text{N}$$

(2)推件力计算

查《中国模具设计大典》,得$K_推 = 0.03 \sim 0.07$,取 0.055。

$$n = \frac{h}{t} = \frac{5}{1.5} = 3.3$$

$$F_卸 = n K_推 \, F_冲 = (3.3 \times 0.055 \times 292\ 707.66)\ \text{N} = 53\ 126.44\ \text{N}$$

(3)总冲压力计算

$$F_总 = F_冲 + F_弯 + F_推 + F_卸 = (292\ 707.66 + 82\ 875 +$$
$$11\ 708.3 + 53\ 126.44)\ \text{N} = 440.416\ \text{kN}$$

4.3.4 压力机的选择

根据总冲压力 440.4 kN,选择开式可倾工作台式压力机,压力机相关参数见表 4-16。

参数名称	数值	参数名称	数值
公称压力/kN	630	封闭调节高度/mm	90
滑块行程/mm	120	工作台板厚度/mm	90
行程次数/(次·min⁻¹)	70	模柄孔尺寸/mm	$\phi 50 \times 70$
最大闭合高度/mm	360		

4.3.5 模具刃口尺寸的计算

1.冲裁部分尺寸计算

查《中国模具设计大典:第 3 卷 冲压模具设计》表 19.1－4,按 Ⅱ 类(中等间隙类〕取凸凹模双面间隙为:$Z_{\min}=0.21$ mm,$Z_{\max}=0.30$ mm。

(1) 冲侧刃的凸凹模尺寸计算

查《中国模具设计大典:第 3 卷 冲压模具设计》,对于矩形尺寸6 mm×60 mm中6 mm基本尺寸,凸凹模的模制造公差$\delta_p=0.02$ mm,$\delta_d=0.02$ mm。对于60 mm基本尺寸,凸凹模的模制造公差$\delta_p=0.02$ mm,$\delta_d=0.03$ mm。均满足$Z_{\max}-Z_{\min}\geqslant \delta_p+\delta_d$。凸、凹模可采用分开加工的方法。制件公差 Δ 按照 IT14 计算,由式(3－16) 和式(3－17)计算得凸、凹模的尺寸分别为:

$$d_p=(d+x\Delta)_{-\delta_d}^{0}=(6+0.5\times 0.30)_{-0.02}^{0}=6.15_{-0.02}^{0}$$

$$d_p=(d+x\Delta)_{-\delta_p}^{0}=(60+0.5\times 0.70)_{-0.02}^{0}=60.35_{-0.02}^{0}$$

$$d_d=(d_p+Z_{\min})_{0}^{+\delta_d}=(d+x\Delta+Z_{\min})_{0}^{+\delta_d}=(6.15+0.21)_{0}^{+0.02}=6.36_{0}^{+0.02}$$

$$d_d=(d_p+Z_{\min})_{0}^{+\delta_d}=(d+x\Delta+Z_{\min})_{0}^{+\delta_d}=(60.35+0.21)_{0}^{+0.03}=60.56_{0}^{+0.03}$$

(2) 冲圆形孔的凸凹模尺寸计算

冲圆形孔直径$d=8$ mm,凸凹模的模制造公差$\delta_p=0.02$ mm,$\delta_d=0.02$ mm。制件公差按照 IT14 计算,取 $\Delta=0.36$ mm。

$$d_p=(d+0.75\Delta)_{-\delta}^{0}=(8+0.75\times 0.36)_{-0.02}^{0}=8.04_{-0.02}^{0}$$

$$d_d=(d+0.75\Delta+z_{\min})_{0}^{+\delta_d}=(8+0.75\times 0.36+0.21)_{0}^{+\delta_d}=8.25_{0}^{+0.02}$$

(3) 冲矩形孔的凸凹模尺寸计算

对于17 mm×19.65 mm矩形孔,17 mm基本尺寸凸、凹模的模制造公差$\delta_p=0.02$ mm,$\delta_d=0.02$ mm。19.65 mm基本尺寸凸凹模的制造公差:$\delta_p=0.02$ mm,$\delta_d=0.025$ mm。满足$Z_{\max}-Z_{\min}\geqslant \delta_p+\delta_d$,凸、凹模可采用分开加工的方法。制件基本尺寸为 17 mm 的公差 $\Delta=0.43$ mm,基本尺寸为 19.65 mm 的公差 $\Delta=0.52$ mm,查表 3－5,取系数 $x=0.5$。凸凹模尺寸计算如下:

$$d_p=(d+x\Delta)_{-\delta_p}^{0}=(17+0.5\times 0.43)_{-0.02}^{0}=17.22_{-0.02}^{0}$$

$$d_p = (d + x\Delta)^{0}_{-\delta_p} = (19.65 + 0.5 \times 0.52)^{0}_{-0.025} = 19.91^{0}_{-0.025}$$

$$d_d = (d_p + Z_{min})^{+\delta_d}_{0} = (d + x\Delta + Z_{min})^{+\delta_d}_{0} = (17.22 + 0.21)^{+0.02}_{0} = 17.43^{+0.02}_{0}$$

$$d_d = (d_p + Z_{min})^{+\delta_d}_{0} = (d + x\Delta + Z_{min})^{+\delta_d}_{0} = (19.91 + 0.21)^{+0.025}_{0} \text{ mm} = 20.12^{+0.025}_{0} \text{ mm}$$

对于 15 mm×19.65 mm 矩形孔,制件基本尺寸为 19.65 mm 的凸凹模尺寸计算如上。制件基本尺寸为 15 mm 的凸凹模模制造公差 $\delta_p = 0.02$ mm,$\delta_d = 0.02$ mm。满足 $Z_{max} - Z_{min} \geqslant \delta_p + \delta_d$。

制件的制造公差 $\Delta = 0.43$ mm,凸、凹模尺寸计算如下:

$$d_p = (d + x\Delta)^{0}_{-\delta_p} = (15 + 0.5 \times 0.43)^{0}_{-0.02} \text{ mm} = 15.22^{0}_{-0.02} \text{ mm}$$

$$d_d = (d_p + Z_{min})^{+\delta_d}_{0} = (d + x\Delta + Z_{min})^{+\delta_p}_{0} = (15.22 + 0.21)^{+0.02}_{0} \text{ mm} = 15.43^{+0.02}_{0} \text{ mm}$$

2.弯曲部分尺寸计算

凸模圆角半径为

$$\frac{\sigma_s r}{Et} = \frac{180 \times 3}{198\,000} = 2.7 \times 10^{-3} < 0.1$$

此时属于纯塑性弯曲状态,查手册得,$\sigma_s = 190$ MPa,$E = 198\,000$ MPa,则由式(4-10)得

$$r_p = \frac{r}{1 + \dfrac{3}{\ } \dfrac{\sigma_s r}{Et}} = \frac{1.5}{1 + \dfrac{3 \times 190 \times 3.0}{198\,000}} = 1.49$$

由于 $t < 1.6$ mm,则凹模圆角半径 $r_d = (2 \sim 4)t$ 取 $r_d = 3$ mm。

由于弯曲高度在 $L = (5 \sim 50)t$ 之间且 $t < 1.6$ mm,查得 $h = (3 \sim 8)t$,取 $h = 4$ mm;凸、凹模间隙 $c = (1 \sim 1.1)t$,取 $c = 1.6$ mm。

对于工件外形尺寸 $L = 25^{0}_{-0.30}$,取弯曲凸模和凹模的制造公差精度为 IT10 得 $\delta = 0.084$ mm,计算冲裁间隙、凸凹模尺寸如下:

$$L_p = (L_{min} + 0.75\Delta)^{0}_{-\delta_p} = 25.225^{0}_{-0.084} \text{ mm}$$

$$L_d = (L_p + Z)^{+\delta_d}_{0} = 28.425^{+0.084}_{0} \text{ mm}$$

根据 $\alpha_p r_p = \alpha r$,得 $\alpha_p = 90.3$,所以弯曲回弹角 $\Delta\alpha = 0.3°$,符合要求。

3.冲裁切断凸、凹模部分尺寸计算

凸凹模双面间隙为:$Z_{min} = 0.21$ mm,$Z_{max} = 0.30$ mm。25 mm×60 mm 长方形冲裁时,25 mm 的凸凹模制造公差 $\delta_p = 0.02$ mm,$\delta_d = 0.025$ mm,60 mm 的凸凹模制造公差 $\delta_p = 0.02$ mm,$\delta_d = 0.03$ mm,满足 $Z_{max} - Z_{min} \geqslant \delta_p + \delta_d$。25 mm 和 60 mm 制件的制造公差分别为 0.52 mm 和 0.74 mm,计算冲裁间隙、凸凹模尺寸如下:

$$d_p = (d + x\Delta)^{0}_{-\delta_p} = (25 + 0.5 \times 0.52)^{0}_{-0.02} = 25.26^{0}_{-0.02}$$

$$d_p = (d + x\Delta)^{0}_{-\delta_p} = (60 + 0.5 \times 0.74)^{0}_{-0.02} = 60.37^{0}_{-0.02}$$

$$d_d = (d_p + Z_{min})^{+\delta_d}_{0} = (d + x\Delta + Z_{min})^{+\delta_d}_{0} = (25.26 + 0.21)^{+0.025}_{0} = 25.47^{+0.025}_{0}$$

$$d_d = (d_p + Z_{min})^{+\delta_d}_{0} = (d + x\Delta + Z_{min})^{+\delta_d}_{0} = (60.37 + 0.21)^{+0.03}_{0} = 60.58^{+0.03}_{0}$$

4.3.6 模架的选取

1.凹模板

凹模板如图 4-31 所示,高度为 $H = kb_1$(不小于 8 mm),垂直于送料方向的凹模宽度为

$$B = b_1 + (2.5 \sim 4.0)H \qquad (4-20)$$

$$A = l_1 + 2 l_2 \qquad (4-21)$$

式中:b_1—— 垂直于送料方向凹模孔壁间的最大距离,mm;

k—— 由 b_1 和材料厚度 t 决定的凹模厚度系数;

L_1—— 沿送料方向凹模型孔壁间最大距离,mm;

l_1—— 沿送料方向凹模型孔壁至凹模边缘的最小距离,mm。

查表得 $k = 0.5$,查表得 $l_1 = 30$ mm,则

$$H = 0.5 \times 64.3 \text{ mm} = 32 \text{ mm}, \quad B = (64.3 + 2.5 \times 32) \text{ mm} = 145 \text{ mm}$$

$$A = L_1 + 2 l_1 = (240 + 2 \times 30) \text{ mm} = 300 \text{ mm}$$

因此,凹模板外形尺寸为

$$A \times B \times H = 300 \text{ mm} \times 145 \text{ mm} \times 32 \text{ mm}$$

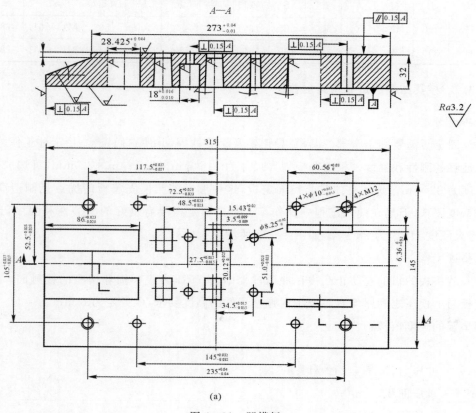

(a)

图 4-31 凹模板

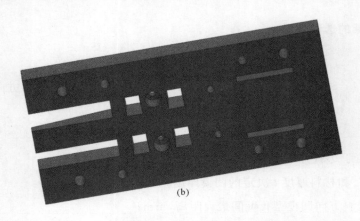

(b)

续图 4-31　凹模板

2. 模架的确定

根据凹模周界和压力中心选用后侧导柱模架,选用后侧导柱模架(GB 728556—1990B),见表4-17。

表 4-17　模架选取　　　　　单位:mm

参数	L	B	H	h	L_1	S	A_1	A_2	R	l_2	$D(H7)$	d_1	t	S_2
上模座	315	200	45	30	325	305	130	235	50	100	50	M14-6H	28	200
下模座	315	200	55	40	325	305	130	235	50	100	35	M14-6H	28	200

4.3.7　模具结构的设计与强度校核

1. 凸模固定板

凸模固定板需要固定全部的凸模、导正销及小导柱等,并使它们正常、稳定地工作,要求固定板有足够的刚性和强度。根据凹模周界尺寸为 315 mm×145 mm×32 mm,可选取凸模固定板厚度为 32 mm。选用整体式凸模固定板,这种形式的凸模固定板的优点是制造简单,容易达到精度要求,但是在使用过程中操作不方便。固定板要有良好的耐磨性和强度,选用 45 号钢,淬火硬度 HRC 为 28~32,如图 4-32 所示。

2. 垫板

1)安装垫板的目的是防止凸模在冲压过程中,由于压力集中损坏模座的接触面。垫板设在固定板与上模座之间厚度有时要考虑弹性元件的高度要求,此处定为 8 mm。

2)垫板的强度校核:

$$\sigma_压 = F/A \leqslant [\sigma_压] \tag{4-22}$$

式中:F——冲压力,N,$F=242\ 514.66$ N;

　　A——承压面积,mm²;

$[\sigma_压]$——许用压力,MPa。

垫板 $[\sigma_压]=137\sim167$ MPa,$F=242\ 514.66$ N,因此

— 108 —

$$\sigma_{压} = \left(\frac{242\ 514.66}{315 \times 200} \right) \text{MPa} = 3.85\ \text{MPa} \leqslant [\sigma_{压}]$$

根据校核，垫板强度满足要求。

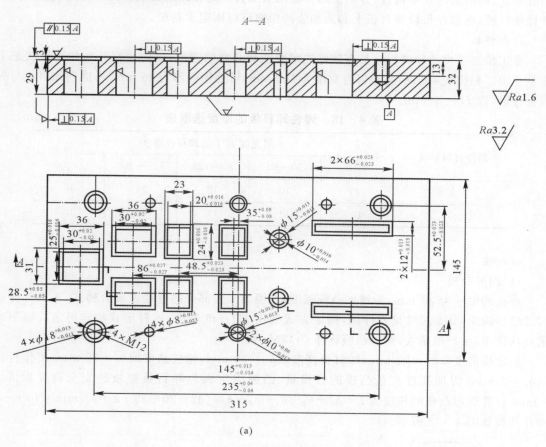

(a)

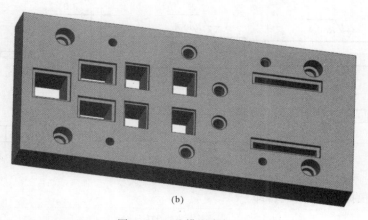

(b)

图 4 - 32　凸模固定板

3.导料板

导料板有分离式和整体式两种形式,后者应与固定卸料板做成一体。根据本模具特点,采用分离式,即前后两块导料板,分别使用 3 根沉头螺钉固定在凹模板上。又因为凹模板外侧要开设承料板,所以在每块导料板上必须加装两根螺钉以固定承料板。

4.卸料板

多工位连续模的卸料板应具有较好的耐磨性和必要的强度,以防止在长久的受压状态下产生变形。根据表 4-18,且卸料板宽度为 145 mm,可选用板厚为 16 mm,考虑到卸料板与导料板接触,取 $H=20$ mm。

表 4-18　弹性卸料板的厚度选取表　　　　　单位:mm

制件材料厚度	不同宽度 B 下的卸料板厚度				
	≤50	50～80	80～125	125～200	＞200
≤0.8	8	10	12	14	16
0.8～1.5	10	12	14	16	18

5.凸模

(1)圆形凸模

冲孔的尺寸为 $\phi 8$ mm,为增加凸模强度,凸模非工作部分的直径做成阶梯式,刃口部分的尺寸已经确定,其余尺寸见零件图,固定方式采用 H7/m6 配合,这种形式稳定可靠。因为冲裁形状简单,生产批量大,所以凸模选择 Cr12MoV。

固定板高度取 $h_1=32$ mm,卸料板高度取 $h_2=30$ mm,橡胶高度取 $h_3=25$ mm,工作行程取 $h_4=2$ mm,附加高度包括凸模的修模量、凸模固定板与卸料板垫板的安全高度取 $h=9$ mm,计算圆形凸模的长度为 $L=h_1+h_2+h_3+h_4+h=(32+30+25+2+9)$ mm$=90$ mm。冲孔凸模如图 4-33 所示。

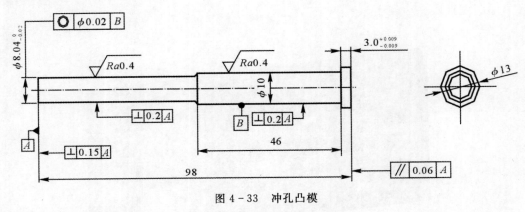

图 4-33　冲孔凸模

凸模强度根据压应力校核,即

$$d_{min} \geqslant \frac{4\tau t}{[\sigma]} \qquad\qquad (4-23)$$

式中:d_{min}——凸模最小直径,mm;

t—— 料厚，mm；

τ—— 抗剪强度，MPa；

$[\sigma]$—— 凸模材料的许用应力，MPa。

设计中，$t=1.5$ mm，$\tau=250$ MPa，凸模$[\sigma]=2\,100$ MPa，根据式（4-2）计算 d mm≥0.714 mm，所以圆形凸模的强度满足要求。

（2）方形凸模

凸模结构的基本形式有镶拼式凸模和整体式凸模。镶拼式凸模适于大型零件的落料、冲孔或修边等工序使用。刃口部分用优质工具钢制造，螺栓与销钉直接固定在用普通结构钢制造的基体或凸模固定板上。采用镶拼结构节省了模具钢材，也避免了大型凸模的锻造、机械加工和热处理中的不便与困难。冲裁小型零件使用的凸模一般都设计成整体式。基本结构形式分为阶梯式和直通式两类。此模具的凸模设计成整体式的阶梯式。

方形凸模的长度根据式（3-24）计算得

$$L=h_1+h_2+h_3+h_4+h=(32+30+25+2+9)\ \text{mm}=90\ \text{mm}$$

凸模工作时受交变载荷作用，冲裁时受轴压缩，卸料时受轴向拉深，轴向压力远大于轴向拉力。当用小凸模冲裁较硬或者较厚材料时，有可能因压应力$[\sigma]$超过模具材料的许用压应力$[\sigma]$而损坏。若凸模结构的长径比$L/D>10$，可能因为受压失稳而折断。因此，在设计或选用细长凸模时必须对抗压强度和弯曲刚度进行校核。一般凸模不需要校核。冲15 mm×19.65 mm 和 17 mm×19.65 mm 矩形孔的凸模分别如图4-34和图4-35所示。

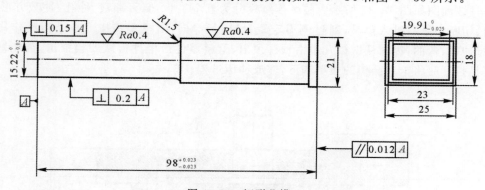

图4-34　矩形凸模1

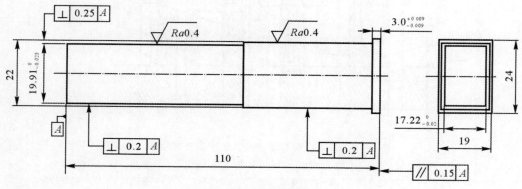

图4-35　矩形凸模2

方形冲裁凸模采用直通式,其形状与安装部分形状基本相同,这样的凸模工艺性好,加工精度高,装卸方便,面积太小的孔采用凸台式,以保证工作部分强度。

（3）弯曲凸模的设计

第三工位为弯曲工位,因为弯曲形状简单,弯曲力不大,凸模材料选用 Cr12MoV。

图 4 - 36 为凸模零件三维图。

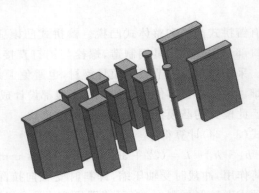

图 4 - 36　凸模零件三维图

4.3.8　模具装配图

模具装配图如图 4 - 37 所示。整个连续模分为五个工步:侧刃冲裁、冲孔、冲裁方形料、U形弯曲、切断。条料进入模具,通过侧刃定距,导向板导向,上模座在压力机下行的作用下下压,进行冲裁、弯曲,废料从凹模孔中由顶杆顶出,落料零件由推件板从凹模推出,被压缩的橡胶在模具打开时将卡在凸模的条料卸下,完成冲压过程。

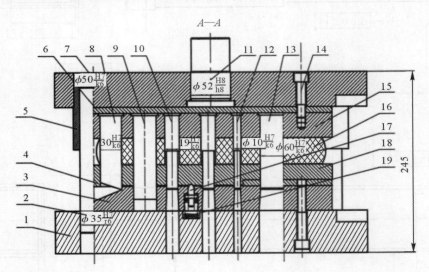

图 4 - 37　U形弯曲件模具装配图及 3D 图

1—下模座；2—导柱；3—凹模板；4—导料板；5—导套；6—垫板；7—上模座；

8—冲裁凸模；9—弯曲凸模；10—冲方形孔凸模；11—模柄；12—冲孔凸模；13—侧刃凸模；

14—内六角螺钉；15—凸模固定板；16—橡胶；17—导正销；18—卸料板；19—弹簧

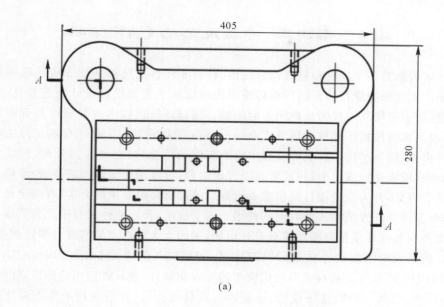

(a)

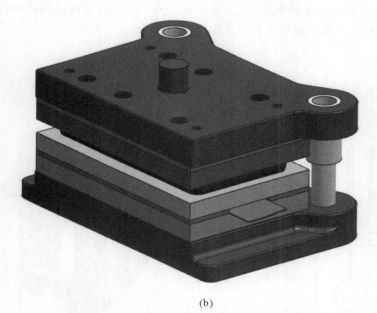

(b)

续图 4 - 37　U 形弯曲件模具装配图及 3D 图

U 形弯曲件模具视频请扫描二维码。

A4 - 37 条料
排样

B4 - 37 冲裁
工作零件设计

C4 - 37 成形
工作零件设计

4.4 案例二:冲压成形的CAE分析

板料冲压成形是一个同时包括几何非线性、材料非线性和边界条件非线性等问题的非常复杂的弹塑性大变形力学过程。这使得传统的板材成形工艺和模具设计缺乏系统、精确的理论分析手段,而主要依靠工程师长期积累的经验。随着计算机技术的发展以及有限元方法的成熟,板料成形数值模拟已经成为模具工业的一个强有力的工具。通过有限元方法对板料成形过程进行模拟,能够给出工件成形过程中每个瞬间的位移、应变和应力分布,预测工件的回弹、起皱和模具所承受的成形力;与成形极限理论结合,可以预测工件的破裂、检验模具设计和工艺设计的合理性,并为改进设计提供重要依据。通过对模拟结果的分析,可确定合理的参数值,大大降低新产品开发所需要的时间和费用。事实证明,合理地使用有限元数值模拟技术可以显著地提高模具设计质量和缩短模具设计周期,进而大大降低产品的设计制造成本,增强市场竞争力。板料成形模拟软件有 DYNAFORM、AUTOFORM、SHEET - 3D、ABAQUS 等。其中 DYNAFORM 软件是板料成形数值模拟的专业化软件,该软件应用范围广,能模拟拉延、多步冲压、压边、弯曲、回弹、液压成形,还能进行模具设计等,在后处理中能查看冲压件的应力、应变分布,厚度分布,成形极限图、成形过程动画等。本节通过简单的冲压件 CAE 分析实例,介绍 CAE 在模具设计及成形工艺中的应用。

4.4.1 实例一

打火机防风罩三维图如图 4-38 所示,使用 DYNAFORM 软件模拟其成形过程。

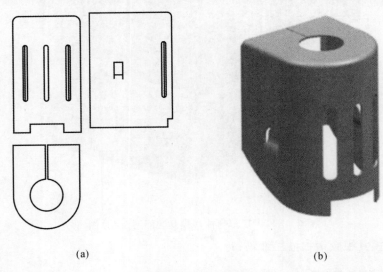

(a)   (b)

图 4-38　制件图

(a)制件二维效果图; (b)制件三维效果图

1. 典型成形过程有限元模型的导入与网格划分

(1)模型的建立与导入

可利用 UG、Pro/E、SolidWorks 等三维造型软件绘制毛坯、凸模、凹模,建立模型,并将模

型导出为 ∗.igs 格式。由于该弯曲制件较为复杂,所以经过简化,模型如图 4 - 39 所示。

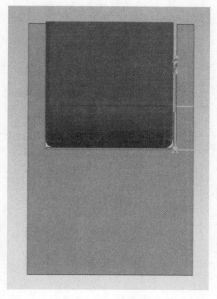

图 4 - 39　模具绘制

　　将 ∗.igs 文件依次导入到 DYNAFORM 中,如图 4 - 40 所示。编辑、修改各零件层的名称如图 4 - 41 所示,将毛坯层命名为 BLANK,将上模命名为 PUNCH,下模命名为 DIE,单击 OK 按钮确定,并删除其他无用的零件层。

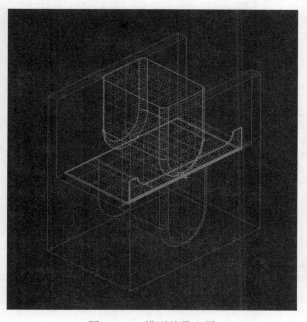

图 4 - 40　模型的导入图

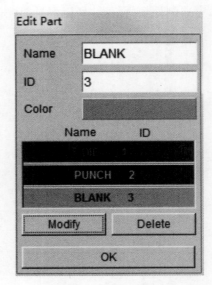

4-41 重命名零件层

（2）网格划分

选择零件层显示，只显示 DIE，并且设置当前零件层为 DIE，然后对其进行网格划分，如图 4-42所示。

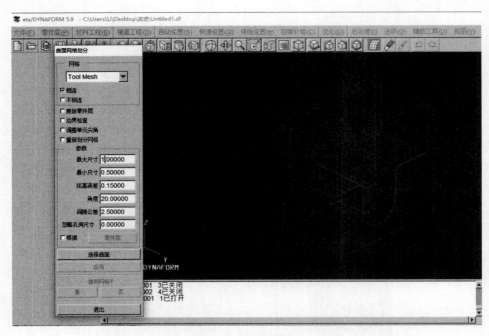

图 4-42 网格的划分

（3）制件的网格划分

利用传统设置前处理菜单中的中性面工具，生成坯料的中性面，如图 4-43 所示。删除坯料零件层,在确保当前零件层为中性面的前提下,选择进行网格划分,注意在这一步要更改为零件网格划分,结果如图 4－44 和图 4－45 所示。

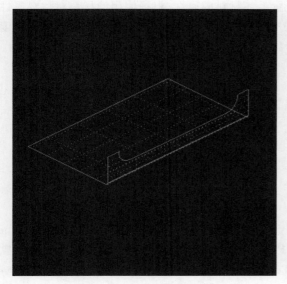

图 4－43 中性面的生成图

图 4－44 网格划分结果

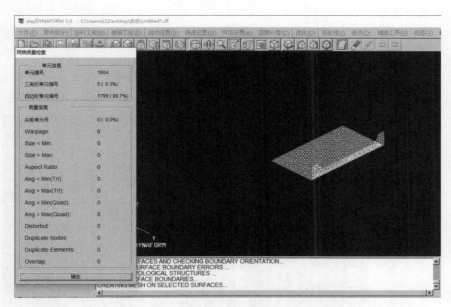

图 4－45 制作网格划分结果

2.有限元分析的参数设定

(1)定义工具

选择 Tools/Define Tools 菜单项,在 Define Tools 对话框中分别选择 DIE、PUNCH 进行定义。将建好的零件层添加到系统规定的层中,让系统能够识别。

（2）定义毛坯

选择 Tools/Define Blank 菜单项，在 Define Blank 对话框中，首先点击 Add 添加毛坯零件层，接着单击 Material 选项的 None 按钮设置毛坯材料的属性，根据使用的材料对材料属性进行更改；然后单击 Property 选项的 None 按钮，在 Property 对话框中，设定毛坯厚度（UNIFORM THICKNESS）为 1 mm，其他参数采用默认值。

Q235 属性：

密度：7.858 g/cm^3；

屈服强度：235 MPa；

抗拉强度：380～500 MPa；

伸长率：26%；

泊松比：0.25～0.33；

弹性模量：200～210 GPa。

（3）定义 PUNCH 运动

在 Define Tools/Tool Name 选择所要设定运动曲线的工具 PUNCH，单击 Define Contact 按钮，弹出 Tools Contact 对话框，对 Punch 的接触参数进行设定，此处采用系统的默认值。单击 Define Load Curve 按钮，弹出 Tool Load Curve 对话框，选择曲线类型（Curve Type）为 Motion，单击 Auto 按钮弹出 Motion Curve 对话框。设定运动速度为 100 mm/s，运动距离为 16 mm。

（4）预览运动求解

选择 Tools/Animate（预览）菜单项，单击 Play 按钮可以观看工具的模拟运动，如图 4-46 所示。

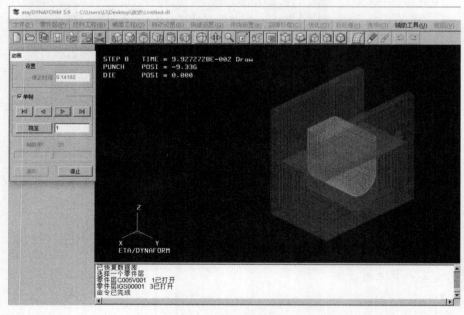

图 4-46　运动仿真

选择 Analysis 命令下的 LS-DYNA 菜单项,弹出对话框。将 Control Parameters 中的各个参数采用系统默认值,对 Analysis Type(分析类型)选择直接提交运算,如图 4-47 所示。求解器开始在后台进行运算,如图 4-48 所示。

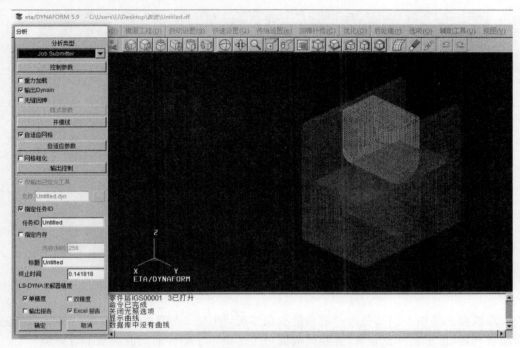

图 4-47　提交运算

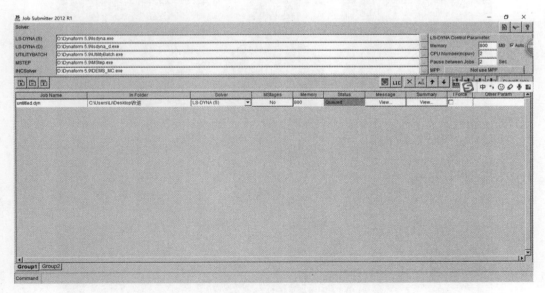

图 4-48　运算

3. 仿真结果分析

由图4-49可知,通过仿真分析结果可以看出制件在该模具成形下成形性好,模具结构设计合理。

图4-49 分析结果

成形极限图是用不同颜色表示成形的变化情况,图4-50为成形极限图,由图可知,制件前面起皱严重,由于制件比较薄,且制件的成形工艺决定了制件前面的起皱不可避免。

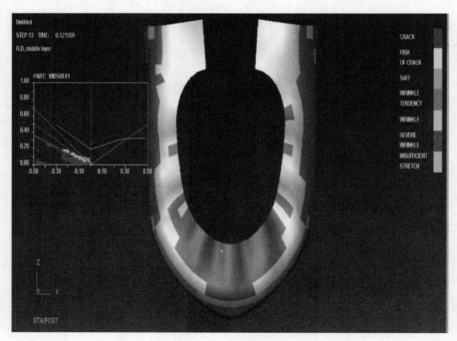

图4-50 成形极限图

图 4-51 为厚度变化图。由图 4-51 可知，厚度变化比较小，所以可以忽略。

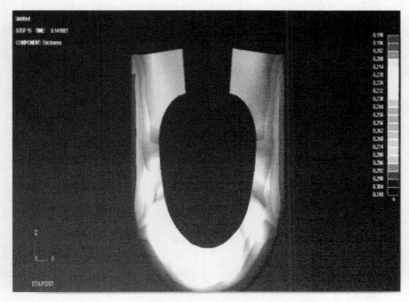

图 4-51　厚度变化

对于冲压件，需要通过主应变来判断零件的变形质量，如果主应变变化不均匀，会影响到表面的光滑程度。图 4-52 为主应变图，由图可知，只有前面表面质量较差，其他表面符合表面质量要求。

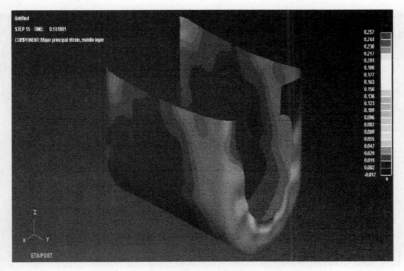

图 4-52　主应变图

塑性弯曲和任何一种塑性变形一样，在外力的作用下毛坯产生的变形由塑性变形和弹性变形两部分组成。在外力去除以后，弹性变形会完全消失，而塑性变形保留下来。因此工件的弯曲角与冲模工作部分的角度和圆角半径不完全一致，会出现回弹现象。

根据回弹(见图 4-53)可知,回弹较为严重,因此采取校正弯曲。由于校正弯曲增加了压应力,扩大了弯曲件的塑性变形区,从而减少回弹量,其回弹角可比自由弯曲时大为减少。

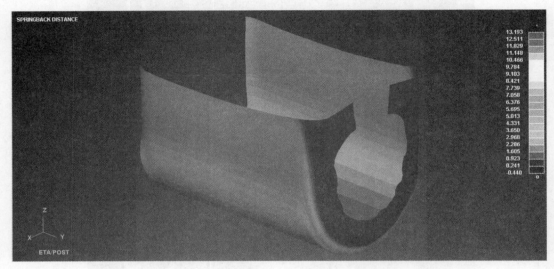

图 4-53　回弹图

对于冲压件,也可以通过油石打磨检测轻微的暗坑,以此判定表面质量的状态。用后处理的缺陷检查功能模拟油石打磨,对成形后的零件进行表面质量的判定。

图 4-54 为缺陷检查图,由不同颜色来表示暗坑的深度,颜色越深,表示缺陷的等级越高。从图中可以看出,表面缺陷较少。

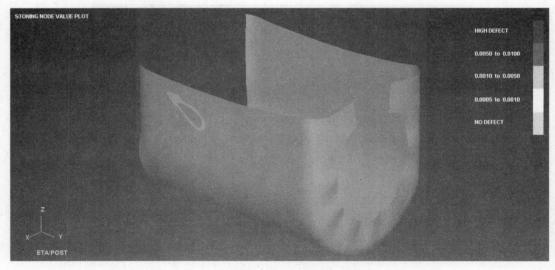

图 4-54　缺陷检查图

4.4.2　实例二

连接片弯曲件如图 4-55 所示,使用 DYNAFORM 软件模拟其成形过程。

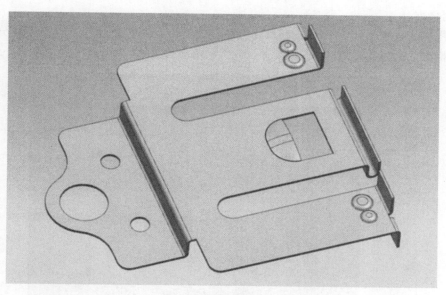

图 4 - 55 连接片弯曲件

1. 典型成形过程有限元模型的导入与网格划分

(1) 模型建立与导入

用 UG、Pro/E、SolidWorks 三维造型软件绘制凸模、凹模、毛坯、压料块模型,并将模型转化为 * . igs 格式。将 * . igs 文件依次导入到 DYNAFORM 中,并编辑修改各零件层的名称,将毛坯层命名为 BLANK,将上模命名为 Punch,下模为 Die,压边块为 Binder,单击 OK 按钮确定。删除其他无用的零件层后的模型如图 4 - 56 所示。

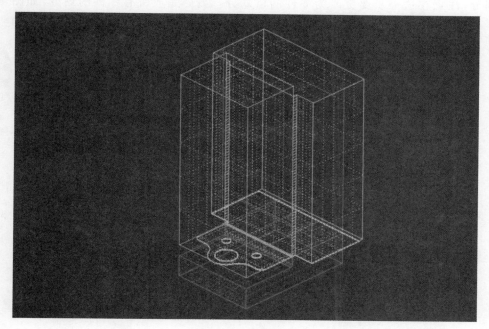

图 4 - 56 模型的导入

（2）网格划分

选择零件层显示只显示 Die，并且设置当前零件层为 Die，然后对其进行网格划分，网格划分完成后检查法向方向是否一致，如图 4－57 所示。凸模、压边块与凹模划分方法一致。

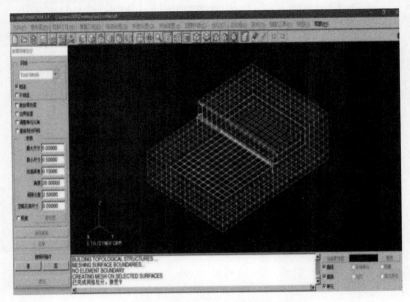

图 4－57　凹模的网格划分

对于板料网格的划分，首先利用传统设置前处理菜单中的中性面工具，生成坯料的中性面，如图 4－58 所示。然后删除坯料零件层，在确保当前零件层为中性面的前提下，选择进行网格划分，注意在这一步要更改为零件网格划分。最后完成所有零件的划分，如图 4－59 所示。

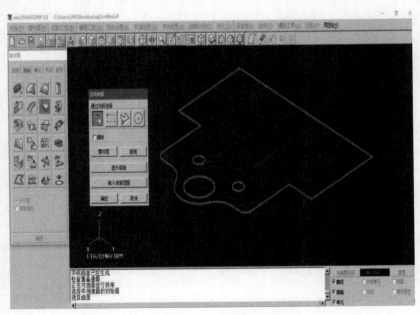

图 4－58　毛坯中性层的创建

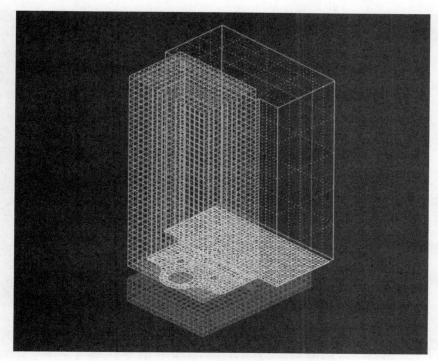

图 4 - 59　所有零件的网格划分

2. 有限元分析的参数设定

(1) 定义工具

选择 Tools/Define Tools 菜单项,在 Define Tools 对话框中分别选择 Die、Punch、Binder 进行定义。将建好的零件层添加到系统规定的层中,让系统能够识别。

(2) 定义毛坯

选择 Tools/Define Blank 菜单项,在 Define Blank 对话框中,首先点击 Add 添加毛坯零件层,接着单击 Material 选项的 None 按钮设置毛坯材料的属性,根据使用的材料对材料属性进行更改;然后单击 Property 选项的 None 按钮,在 Property 对话框中,设定毛坯厚度 (UNIFORM THICKNESS) 为 1 mm,其他参数采用默认值。

(3) 定义凸模 (Punch) 运动

在 Define tools/Tool name 选择所要设定运动曲线的工具 Punch,单击 Define Contact 按钮,弹出 Tools Contact 对话框,对 PUNCH 的接触参数进行设定,此处采用系统的默认值。单击 Define Load Curve 按钮,弹出 Tool Load Curve 对话框,选择曲线类型 (Curve Type) 为 Motion,单击 Auto 按钮弹出 Motion Curve 对话框。设定运动速度为 100 mm/s,运动距离为 10 mm,如图 4 - 60 所示。

(4) 预览运动及运算

选择 Tools/Animate (预览) 菜单项,单击 Play 按钮可以观看工具的模拟运动,如图 4 - 61 所示。

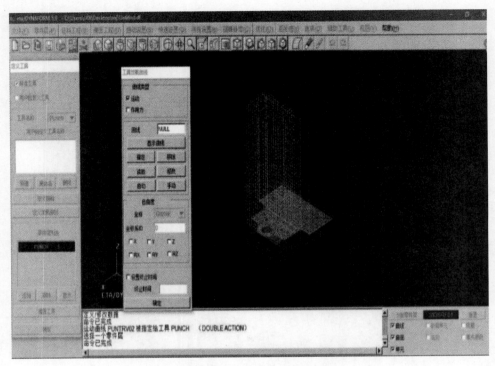

图 4-60　定义凸模运动

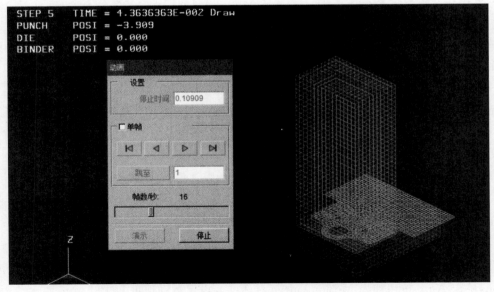

图 4-61　动画演示

选择 Analysis 命令下的 LS-DYNA 菜单项,弹出对话框。Control Parameters 中的各个参数采用系统默认值,选择 Analysis Type(分析类型)选择直接提交运算,求解器开始在后台进行运算,如图 4-62 所示。

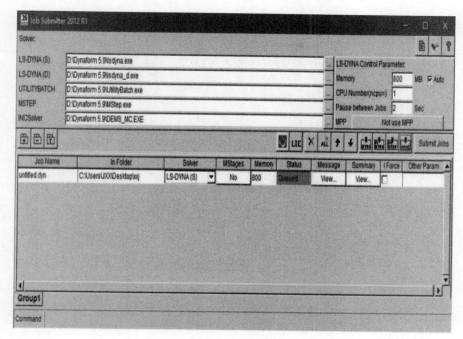

图 4-62　提交运算

3. 仿真结果分析

图 4-63 为成形极限图。由图 4-63 可知,在 Z 形弯曲竖直侧边圆角处有些许起皱,其他部位基本无变化,制件成形性较好。图 4-64 为材料厚度分布图,由图可知,材料厚度在侧边有所减小,不过减薄很少,基本不影响制件成形。

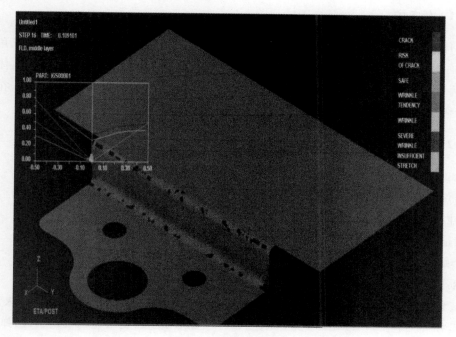

图 4-63　成形极限图

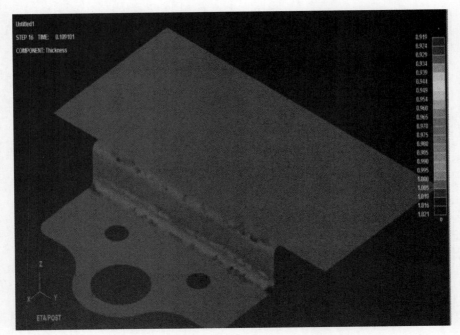

图 4 - 64　材料厚度分布图

4.5　任务一：弯曲件回弹检测

4.5.1　任务的引入

弯曲件的回弹是指制件从模具内取出后的尺寸与模具相应尺寸的差值,一般以角度差或半径差表示。从模具中取出后曲率半径增大的回弹,或制件从模具中取出后材料实体增大的回弹,称为正回弹;反之称为负回弹。弯曲回弹现象是影响弯曲件精度的重要问题,在设计弯曲工艺和弯曲模时应予考虑。

4.5.2　任务的计划

1.读识任务

弯曲件的质量问题包括回弹、滑移、弯裂等缺陷。弯曲件的质量好是指断面光洁,弯曲回弹小,尺寸精度高,没有其他的缺陷。

采用适当的方法减小回弹,提高制件的尺寸精度,即可得到质量好的弯曲件。

2.必备知识

影响弹性回弹的主要因素有以下几点:

1) 材料的力学性能:材料的屈服点 σ_s 越高,弹性模量 E 越小,弯曲弹性回跳越大。

2) 相对弯曲半径 r/t：r 越小,变形量越大,弹性变形量所占变形量比例越小,回弹越小。

3) 弯曲中心角 α：α 越大,变性区的长度越长,回弹积累值也越大,故回弹角 $\Delta\alpha$ 越大。

4)弯曲方式及弯曲模:在无底的凹模中自由弯曲时,回弹值大;在有底的凹模内做校正弯曲时,回弹值小。这是因为校正弯曲力较大,可以改变弯曲件变形区的应力状态,增加圆角的塑性变形程度。

5)弯曲件的形状:弯曲件的形状越复杂,一次弯曲成形角的数量越多,各部分的回弹值相互牵制,以及弯曲件表面与模具表面的摩擦影响会改变弯曲件变形区的应力状态,从而减少回弹。

6)弯曲力:弯曲力适当,其中校正弯曲力合适时,弯曲的回弹很小。

通常回弹值在设计模具制造时,可以通过经验数值和简单的计算来确定模具工作部分的尺寸,然后在试模时进行修正。

3.材料、工具及设备的准备

设备:曲柄压力机。

工具:弯曲模一副、钢板尺、万能量角仪、固定冲模的工具。

材料:Q235 钢板,$t=2$ mm(硬化、退火两种);铝合金板材,$t=2$ mm;黄铜板材,$t=2$ mm。

4.5.3 任务的实施

1)采用同样的凸模和凹模配合,更换不同的坯料,进行弯曲。用万能量角仪测量实验凸模的实际角度和取出弯曲件后弯曲件的弯曲角度,并记入实验表格中。

2)采用同样凹模,更换不同弯曲半径的凸模,进行弯曲。用万能量角仪测量实验凸模的实际角度和取出弯曲件后弯曲件的弯曲角度,并记入实验表格中。

4.5.4 任务的思考

观察实验弯曲件以及凸模实际角度与弯曲角度差,分析制件的回弹情况,思考产生回弹的原因以及分析影响回弹主要因素是什么,如何减小回弹现象。

4.5.5 总结和评价

针对不同材料、不同弯曲半径模具时弯曲制件的角度差,引导学生分组讨论和总结,并进行相互评价,教师在适当情形下进行点评。

4.6 任务二:弯曲变形区材料网格划分及弯曲前后网格变化认知

4.6.1 任务的引入

板料在弯曲时,各部位的变形情况是不同的。通过对弯曲前后网格变化的观察,可以了解弯曲时材料变形的特点。根据材料的弯曲特点可以改变弯曲工艺或者改进弯曲模的设计,从而提高弯曲质量,避免弯曲缺陷的产生。

4.6.2 任务的计划

1.读识任务

研究材料的冲压变形规律,通常采用画网格的方法进行辅助。首先在板料侧面用机械刻线或者照相腐蚀等方法画出网格,再观察弯曲变形后网格的情况,可以分析出板料变形的特点。

2.必备知识

如图 4-2 所示,弯曲前,材料的网格线都是直线,组成的网格均为正方形;弯曲后,左右 ab 段仍为直线,而下面的 bb 段弯成了圆弧状,期间的正方向网格变为梯形格子。弯曲断面可划分为三个区域,即拉伸区、压缩区和中性层。

如图 4-2 所示,拉伸区为外侧 bb 圆弧附近方格,弯曲后水平直线变长;压缩区为内侧 aa 圆弧附近方格,原本垂直方向的线变斜,长短未变,而原来水平方向的直线变短了,形成压缩区;中性层为图中 oo 圆弧,弯曲后既未伸长也未缩短。

被弯曲板材宽度方向的变化如图 4-3 所示。图中 b 为板宽,t 为板厚,$b < 3t$ 的板称为窄板。弯曲后,内层区的材料向宽度方向分散,从而使宽度增加,外层区宽度减小,原矩形截面变成了扇形,如图 4-3(a)所示;图 4-3(b)所示为宽板弯曲,由于横向变形阻力较大,其断面形状几乎不变,保持矩形。

3.材料、工具及设备的准备

设备:曲柄压力机;

工具:弯曲模一副、钢板尺、固定冲模的工具;

材料:Q235 钢板,$t = 2$ mm。

4.6.3 任务的实施

1)在板材坯料侧面画出网格;

2)采用弯曲模对板料进行弯曲,观察坯料侧面网格的变化情况,并记录。

4.6.4 任务的思考

观察弯曲前后的网格变化情况,分析各变形区的受力情况。材料弯曲时在不同变形区可能会产生什么样的缺陷?

4.6.5 总结和评价

针对材料上网格弯曲前后的变化,引导学生分组讨论和总结,并进行相互评价,教师在适当情形下进行点评。

4.7　任务三：仪表盘 U 形支架弯曲件模具设计

仪表盘 U 形支架弯曲件如图 4 - 65 所示。

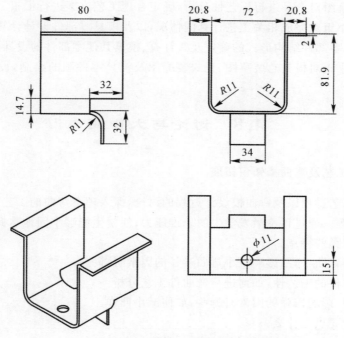

图 4 - 65　仪表盘 U 形支架弯曲件

4.7.1　任务的要求

根据以上图形资料设计一套仪表盘 U 形支架弯曲件模具,要求完成:

1)模具装配图。

2)主要工作零件的零件图。

3)设计说明书。

4.7.2　任务的实施

1)按小组分配,每小组五名学生,分别完成不同任务,最终汇总完成所有设计任务。

2)任务分配:

任务 1:仪表盘 U 形支架弯曲件弯曲工艺性分析(由小组成员共同完成)。

任务 2:弯曲工艺方案的确定(由小组指定一名成员完成)。

任务 3:弯曲模结构的确定(由小组指定一名成员完成)。

任务 4:弯曲模工作部分零部件的设计及计算(由小组指定一名成员完成)。

任务 5:模具其他零部件的设计(由小组成员分工完成)。

任务 6:模具装配图、零件图及说明书的绘制与书写(由小组成员分工完成)。

4.7.3 任务阶段汇报

本任务分成三个阶段完成,每完成一个阶段都要在课堂上就任务完成的情况进行汇报,给出相应成绩和评价意见。具体阶段如下:

第一阶段:每小组对产品进行工艺性分析,确定合理工艺方案进行汇报。

第二阶段:每小组对完成相关工艺计算的情况,以及模具零部件设计计算工作的情况进行汇报(包括凸、凹模零部件结构形式的确定及其计算、模具其他零部件的设计)。

第三阶段:每小组对模具总装草图、正式装配图及模具零件图的绘制,设计说明书的情况进行汇报。

4.8 讨论与大作业

4.8.1 弯曲工艺及弯曲模知识拓展

通过对弯曲工艺过程以及弯曲模设计过程的讨论,深入理解弯曲的工艺过程,以及弯曲模设计的要点、难点等。通过讨论激发学生的思维能力,使学生能够牢固地掌握相关知识点:

1)弯曲变形有哪些特点。

2)什么是最小弯曲半径,影响最小弯曲半径的因素有哪些。

3)什么是弯曲件的工艺性,如何进行弯曲件工艺分析。

4)什么是回弹,影响回弹的因素有哪些,如何减小回弹。

5)弯曲模设计要点是什么。

4.8.2 弯曲工艺及弯曲模相关训练

通过下述几个综合小任务,训练学生对冲裁相关知识的掌握情况、理论与实际结合的能力以及思维拓展能力。

1)计算图 4-66 所示弯曲件毛坯的展开长度。

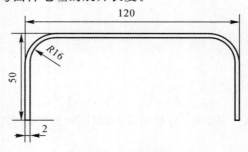

图 4-66 U形弯曲件

2)计算图 4-67 中弯曲件的坯料展开尺寸。

3)弯曲如图 4-68 所示零件,材料为 20 钢,已退火,厚度 $t=4$ mm。完成以下内容:①分析弯曲件的工艺性;②计算弯曲件的展开长度;③计算弯曲力(采用校正弯曲)。

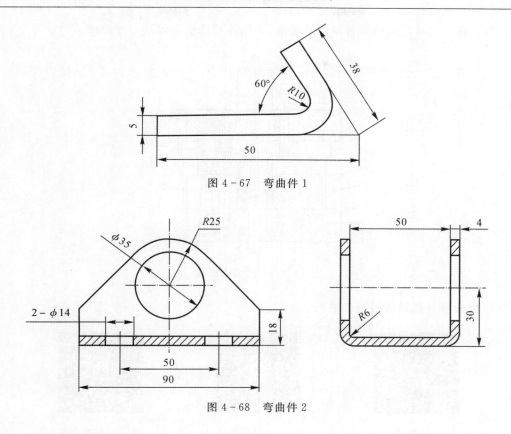

图 4 - 67　弯曲件 1

图 4 - 68　弯曲件 2

4）如图 4 - 69 所示弯曲件，用工序草图表示弯曲件的弯曲工序。

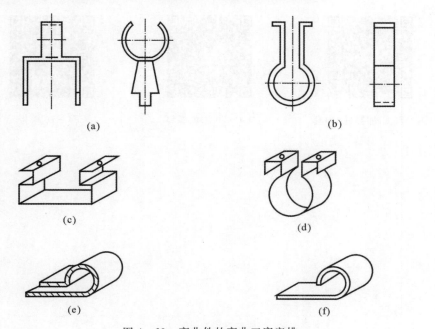

(a)

(b)

(c)

(d)

(e)

(f)

图 4 - 69　弯曲件的弯曲工序安排

5) 写出图 4 - 70 所示模具各零件的名称，并描述其运动过程及工作原理。

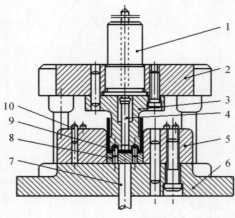

图 4 - 70 U 形件弯曲模

U 形弯曲模具视频请扫描二维码。

A4 - 70 排样   B4 - 70 调用模架   C4 - 70 替换模板

D4 - 70 添加导柱、导套   E4 - 70 添加螺钉   F4 - 70 模板

第 5 章　拉深工艺及拉深模具设计

本章系统地介绍拉深工艺与拉深模具的基础知识、基本理论和设计方法。主要内容包括拉深零件的工艺性分析、拉深工艺方案的确定、拉深工艺计算、拉深工序尺寸计算、冲压设备的选用、拉深模具的设计等。此外,通过典型拉深模具设计案例对拉深模具的设计方法进行详细讲解,还通过拉深工艺及模具设计案例、任务、训练等内容,介绍拉深模具设计的方法和思路,培养学生解决生产实际问题的能力。

5.1　拉深概述

拉深是利用模具将平板毛坯成形为开口空心零件的冲压加工方法。拉深成形过程是指随着拉深凸模的不断下行,留在凹模端面上的毛坯外径不断缩小;毛坯逐渐被拉进凸、凹模间的间隙中形成直壁,而处于凸模下面的材料则成为拉深件的底;当板料全部进入凸、凹模间隙时,拉深过程结束,平面毛坯就变成具有一定的直径和高度的中空形零件。与冲裁模相比,拉深凸、凹模的工作部分不应有锋利的刃口,而是具有一定的圆角,凸、凹模间的单边间隙稍大于料厚。

知识目标:

1)了解拉深模具的设计程序及内容;

2)了解拉深变形过程分析;

3)熟悉拉深中缺陷的分析及解决方法;

4)掌握拉深件工艺性分析及工艺方案的确定;

5)掌握典型拉深模具的总装配图结构设计。

能力目标:

1)会计算拉深毛坯尺寸、确定拉深系数和拉深次数;

2)会计算拉深凸、凹模尺寸和拉深力,选择拉深冲压设备;

3)能对拉深件进行工艺性分析,并提出结构改进方案;

4)能编制拉深工序与拉深工作零件的制造工艺;

5)具有设计拉深模具的能力。

5.2　拉深工艺及模具设计基础

5.2.1　拉深工艺

1.拉深变形过程分析

拉深是利用模具将平板毛坯成形为开口空心零件的冲压加工方法。拉深的过程是一个金属流动的过程,为了使金属流动顺利,凸模与凹模的工作部分设计成较大的圆角。拉深变形过程如图 5-1 所示。将圆形平板毛坯置于凹模上,随凸模的下行,在拉深力 F 的作用下,凹模口以外的环形部分逐渐被拉入凹模内,最终形成一个带底的圆筒形工件。其中,图 5-1(a)所示为无压边的拉深过程,图 5-1(b)所示为有压边的拉深过程。

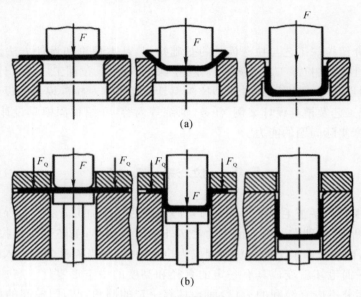

(a)

(b)

图 5-1 拉深变形过程

(a)无压边装置; (b)有压边装置

拉深凸模和凹模与冲裁模不同的是其工作部分没有锋利的刃口,而是分别有一定的圆角半径 R_p 与 R_d,并且其单面间隙稍大于板料厚度(见图 5-2)。直径为 D、厚度为 t 的圆形毛坯在这样的条件下拉深时,在拉深凸模的压力作用下,被拉进凸模和凹模之间的间隙中形成了具有外径为 d、高度为 h 的开口圆筒形工件。

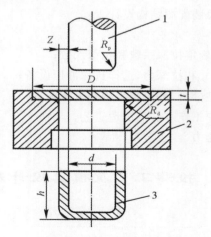

1—凸模; 2—凹模; 3—工件

图 5-2 圆筒形件的拉深

2. 拉深变形特点分析

为了进一步说明金属的流动状态,可以在圆形毛坯上画出许多间距为 a 的同心圆和等分度的辐射线,如图 5-3 所示。在拉深后观察由这些同心圆与辐射线所组成的网格,可以发现在筒形件底部的网格基本上保持原来的形状,而筒壁部分的网格则发生了很大的变化。原来的同心圆变为筒壁上的水平圆周线,而且其间距 a 也增大了,愈靠近筒的上部增大愈多,即 $a_1 > a_2 > a_3 > \cdots > a$;原来等分度的辐射线变成了筒壁上的垂直平行线,故其间距完全相同,即 $b_1 = b_2 = b_3 \cdots = b$。

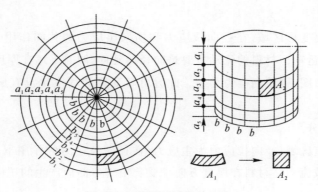

图 5-3　拉深件网格的变化

如果从网格中取一个小单元体来看,扇形 A_1 在拉深后变成了矩形 A_2,若不计其板厚的微变,则小单元体的面积不变,即 $A_1 = A_2$。这和一块扇形毛坯被拉着通过一个楔形槽(见图 5-4)的变化过程类似,在直径方向被拉长的同时,切向则被压缩了。

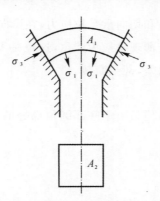

图 5-4　扇形小单元体的变形

在实际的拉深过程中,并不存在楔形槽,毛坯上的扇形小单元体也不是单独存在的,而是处于相互联系、紧密结合在一起的毛坯整体内。拉深的直接作用使小单元体在径向被拉长,材料之间的互相挤压作用使小单元体在切向被压缩。

由上述分析可知,在拉深过程中,毛坯的中心部分成为筒形件的底部,基本不变形,是不变形区。毛坯的凸缘部分(即 $D-d$ 的环形部分)是主要变形区。拉深过程实质上就是将毛坯的凸缘部分材料逐渐转移到筒壁部分的过程。在转移过程中,凸缘部分材料由于拉深力的作用,在径向产生拉应力 σ_1;又由于凸缘部分材料之间相互的挤压作用,在切向产生压应力 σ_3。在 σ_1 与 σ_3 的共同作用下,凸缘部分材料发生塑性变形,其"多余的三角形材料"将沿着径向被挤出,并不断地被拉入凹模洞口内,成为圆筒形的开口空心件。

3.拉深毛坯应力应变分析(五个区域)

根据应力应变的状态,将毛坯划分为法兰部分(平面凸缘区)、凹模圆角部分、筒壁部分、凸模圆角部分、筒底部分等五个区域。

(1)法兰部分

这是拉深的主要变形区域,在径向拉应力和切向压应力的共同作用下,材料发生塑性变形,逐渐向凹模内部运动。材料的流动主要是向径向延伸,同时毛坯在厚度方向流动从而使板料变厚。若没有压边圈,则厚向应力为零。此时材料变厚的程度比没有压边圈要大。没有压边圈时容易起皱。

(2)凹模圆角部分

该区域属于过渡区域,径向拉应力为主应力,在径向拉应力的作用下,材料沿凹模圆角由法兰区域向筒壁区域流动。材料在厚度方向承受着由于弯曲而产生的压应力。

(3)筒壁部分

这是拉深传力区域,材料只受径向拉应力,其他两个方向均无应力。由于材料流动时,纤维半径不再变化,故切向应变为零,在径向和厚向分别出现拉应变和压应变,即发生少量的伸长和变薄。

(4)凸模圆角部分

这也是过渡区域,材料在径向和切向承受拉应力,在厚向承受因弯曲而产生的压应力。在圆角靠上的部位,在拉深过程中变薄现象最为严重,这也是零件强度最为薄弱的位置,若此处承受应力过大,则容易产生变薄超差,甚至断裂。

(5)筒底部分

这部分的材料基本上不变形,但是由于底部圆角部分的拉应力,材料承受双向拉应力,厚度略有变薄。

4.拉深工艺性

(1)拉深件的结构工艺性

拉深零件的结构工艺性是指拉深零件采用拉深成形工艺的难易程度。良好的工艺性可以使坯料消耗小、工序数目少,模具结构简单、加工容易,产品质量稳定、废品少及操作简单方便等。在设计拉深零件时,应根据材料拉深时的变形特点和规律,提出满足工艺性的要求。

(2)拉深件工艺性分析

1)拉深件对拉深材料的要求。

拉深件的材料应具有良好的塑性、低的屈强比、大的板厚方向性系数和小的板平面方向性系数。

2)拉深件对形状和尺寸的要求。

(a)拉深件高度应尽量小,一般 $H=2d$,以便能通过 1～2 次拉深工序成形,降低成本。圆筒形零件一次拉深可达到的相对极限高度见表 5-1。当盒形件的壁部转角半径 $r=(0.05～0.20)B$(B 代表盒形件宽度)时,其一次拉深的高度 $h=(0.3～0.8)B$。

表 5-1　一次拉深的相对极限高度

材料名称	铝	硬铝	黄铜	软钢
相对极限高度 h/d	0.73～0.75	0.60～0.65	0.75～0.80	0.68～0.72

(b)拉深件的形状尽可能简单、对称,以保证变形均匀。对于半开口的空心件,应考虑合并成对称形状一次拉深成形,然后切开(见图 5-5)。

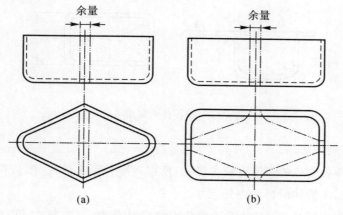

图 5-5　组合拉深后刨切

(c)有凸缘的拉深件,最好满足 $d+12t\leqslant D\leqslant d+25t$,而且外轮廓与直壁断面最好形状相似;否则,拉深困难、切边余量大。在凸缘面上有下凹的拉深件(见图 5-6),如下凹的轴线与拉深方向一致,可以直接拉出;若下凹的轴线与拉深方向垂直,则只能在最后校正时压出。

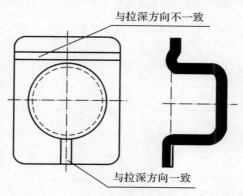

图 5-6　凸缘面上有下凹的拉深件

(d)拉深件的厚度是不均匀的,一般变化范围为 $0.6t \sim 1.2t$。对于多次拉深的零件,应考虑是否满足要求,以便采取相应措施。

3)拉深件对圆角半径的要求。

从有利于成形和减少拉深次数的角度考虑,拉深圆角半径应尽量大些。圆筒形件的底与壁、凸缘与壁及矩形件的四壁间,其圆角半径(见图 5-7)应满足 $r_1 = t$、$r_2 = 2t$、$r_3 = 3t$,否则应增加整形工序。

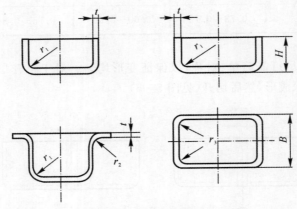

图 5-7 拉深件的圆角半径

4)拉深件对精度的要求。

(a)由于拉深件各部位的料厚有较大变化,所以对零件图上的尺寸,应明确标注出是外壁尺寸还是内壁尺寸,不能同时标注内外尺寸。

(b)由于拉深件有回弹性,所以零件横截面的尺寸公差,一般都在 IT12 级以下。如果零件公差要求高于 IT12 级,应增加整形工序来提高尺寸精度。拉深件的直径和高度一般能达到的精度见表 5-2~表 5-4。

表 5-2 拉深件高度的极限偏差 单位:mm

材料厚度 t	拉深件高度的基本尺寸 H					简 图
	≤18	18~30	30~50	50~80	80~120	
≤1	±0.5	±0.6	±0.7	±0.9	±1.1	
1~2	±0.6	±0.7	±0.8	±1.0	±1.3	
2~3	±0.7	±0.8	±0.9	±1.1	±1.5	
3~4	±0.8	±0.9	±1.0	±1.2	±1.8	
4~5	—	—	±12	±1.5	±2.0	
5~6	—	—	—	±1.8	±2.2	

注:拉深件对外形要求时取正偏差,对内形要求时取负偏差。

表 5-3　拉深件直径的极限偏差　　　　　　单位:mm

材料厚度 t	拉深件直径的基本尺寸 d			材料厚度 t	拉深件直径的基本尺寸 d			简　图
	≤50	50～100	100～300		≤50	50～100	100～300	
0.5	±0.12			2.0	±0.40	±0.50	±0.70	
0.6	±0.15	±0.20	—	2.5	±0.45	±0.60	±0.80	
0.8	±0.20	±0.25	±0.30	3.0	±0.50	±0.70	±0.90	
1.0	±0.25	±0.30	±0.40	4.0	±0.60	±0.80	±1.00	
1.2	±0.30	±0.35	±0.50	5.0	±0.70	±0.90	±1.10	
1.5	±0.35	±0.40	±0.60	6.0	±0.80	±1.00	±1.20	

注:本表为不切边的情况下所达到的数值。

表 5-4　有凸缘拉深件高度的极限偏差　　　　　　单位:mm

材料厚度 t	拉深件高度的基本尺寸 H					简　图
	≤18	18～30	30～50	50～80	80～120	
≤1	±0.3	±0.4	±0.5	±0.6	±0.7	
1～2	±0.4	±0.5	±0.6	±0.7	±0.8	
2～3	±0.5	±0.6	±0.7	±0.8	±0.9	
3～4	±0.6	±0.7	±0.8	±0.9	±1.0	
4～5	—	—	±0.9	±1.0	±1.1	
5～6	—	—	—	±1.1	±1.2	

注:本表为未经过整形所达到的数值。

(c)对多次拉深的零件,其外表面或凸缘表面允许有拉深过程中所产生的划痕和口部的回弹变形,但必须保证精度在公差之内。

(d)拉深件底部或凸缘上有孔时,其孔边到侧壁的距离大于或等于该半径加上 1/2 板厚,即距离 $a \geqslant r + 0.5t$。

5.2.2　拉深毛坯尺寸的确定

1.坯料尺寸和形状确定的原则

(1)形状相似的原则

拉深毛坯的形状一般与拉深件的横截面形状相似。即当零件的横截面是圆形、椭圆形或矩形时,其拉深前毛坯展开形状也基本上是圆形、椭圆形或近似矩形。毛坯周边的轮廓必须采用光滑曲线连接而无急剧的转折和尖角,以便拉深时变形均匀,拉深后得到等高侧壁或等宽凸缘。

(2)表面积相等的原则

对于普通拉深,其厚度变化可以忽略不计,且拉深前后材料的质量相等、体积不变,因此毛坯的尺寸可按等面积法进行计算,即毛坯的表面积等于拉深件的表面积。

(3)增加修边余量的原则

由于拉深材料厚度有公差,板料具有各向异性;模具间隙和摩擦阻力的不一致以及毛坯的定位不准确等原因,拉深后零件的口部将出现凸耳(口部不平整)。为了得到口部平齐、高度一致的拉深件,需要在拉深后增加切边工序,将不平齐的部分切去。所以在计算毛坯之前,应先在拉深件上增加切边余量。修边余量可以参考表 5-5 和表 5-6。但当零件的相对高度 H/d 很小并且高度尺寸要求不高时,也可以不用切边工序。

表 5-5　无凸缘零件切边余量 Δh　　　　　　单位:mm

拉深件高度 h	拉深相对高度 h/d				简　图
	0.5~0.8	0.8~1.6	1.6~2.5	2.5~4	
<10	1.0	1.2	1.5	2	
10~20	1.2	1.6	2	2.5	
20~50	2	2.5	2.5	4	
50~100	3	3.8	3.8	6	
100~150	4	5	5	8	
150~200	5	6.3	6.3	10	
200~250	6	7.5	7.5	11	
>250	7	8.5	8.5	12	

表 5-6　有凸缘零件的切边余量 ΔR　　　　　　单位:mm

凸缘直径 d_t	相对凸缘直径 d_t/d				简　图
	<1.5	1.5~2	2~2.5	2.5~3	
<25	1.8	1.6	1.4	1.2	
25~50	2.5	2.0	1.8	1.6	
50~100	3.5	3.0	2.5	2.2	
100~150	4.3	3.6	3.0	2.5	
150~200	5.0	4.2	3.5	2.7	
200~250	5.5	4.6	3.8	2.8	
>250	6.0	5.0	4.0	3.0	

用理论计算方法确定坯料尺寸不是绝对准确的,而是近似的,尤其是对于变形复杂的拉深件。实际生产中,由于材料性能、模具几何参数、润滑条件、拉深系数及零件几何形状等多种因素的影响,有时拉深的实际结果与计算值有较大出入,因此,应根据具体情况予以修正。对于形状复杂的拉深件,通常是先做好拉深模具,并对以理论计算方法初步确定的坯料进行反复试模修正,直至得到的工件符合要求时,再将符合实际的坯料形状和尺寸作为制造落料模的

依据。

2. 拉深件坯料尺寸

在不变薄拉深中,毛坯的料厚虽有微量变化,但其平均值与毛坯原始料厚度十分接近,因此,此类拉深件的毛坯尺寸通常采用等面积法计算,即对简单形状的旋转体拉深件求其毛坯尺寸时,一般可将拉深件分解为若干简单的几何体,分别求出它们的表面积后再相加(含切边余量在内)。毛坯的形状与制件的形状相似,一般旋转体拉深件的毛坯以圆形最多。

如图 5-8 所示圆筒形件,其毛坯尺寸计算方法如下。将圆筒形件分为几个简单的几何体,然后求其面积之和,即

圆筒形直壁部分的表面积

$$A_1 = \pi d(H - r) \tag{5-1}$$

1/4 环球带表面积

$$A_2 = \frac{\pi}{4} \left[2\pi r(d - 2r) + 8r^2 \right] \tag{5-2}$$

底圆表面积

$$A_3 = \frac{\pi}{4} (d - 2r)^2 \tag{5-3}$$

工件总面积

$$A = \sum A_i = A_1 + A_2 + A_3 \tag{5-4}$$

则毛坯直径

$$D = \sqrt{\frac{\pi}{4} \sum A_i} = \sqrt{d^2 + 4dH - 1.72rd - 0.56r^2} \tag{5-5}$$

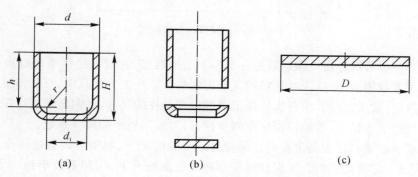

图 5-8　毛坯尺寸的确定
(a)制件；　(b)制件分解；　(c)毛坯

5.2.3　拉深次数及工序尺寸的确定

1. 拉深系数

在拉深工艺设计时,必须知道工件是能一次拉成还是需要几道工序才能拉成。能否正确解决这个问题直接关系到拉深工作的经济性和拉深件的质量。拉深次数取决于每次拉深时允许的极限变形程度。圆筒形件的拉深变形程度一般用拉深系数表示和衡量。

拉深系数 m 表示每次拉深后圆筒形件的直径与拉深前坯料(或半成品)的直径之比。图

5－9所示圆筒形件的各次拉深系数如下。

第一次拉深系数

$$m_1 = \frac{d_1}{D}$$

第二次拉深系数

$$m_2 = \frac{d_2}{d_1}$$

第 n 次拉深系数

$$m_n = \frac{d_n}{d_{n-1}} \tag{5-6}$$

总的拉深系数 $m_总$ 表示从坯料直径 D 拉深至 d_n 的总变形程度，即

$$m_总 = \frac{d_n}{D} = \frac{d_1}{D}\frac{d_2}{d_1}\frac{d_3}{d_2}\cdots\frac{d_{n-1}}{d_{n-2}}\frac{d_n}{d_{n-1}} = m_1 m_2 m_3 \cdots m_{n-1} m_n \tag{5-7}$$

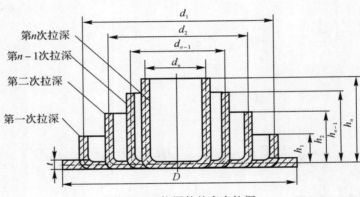

图 5－9　拉深件的多次拉深

　　从式(5－7)中可以看出拉深系数是一个小于 1 的数值，它表示拉深变形过程中坯料的变形程度。拉深系数值愈小，拉深时坯料的变形程度愈大。在工艺计算中，只要知道每次拉深工序的拉深系数值，就可以计算出各次拉深工序的半成品件的尺寸，并确定出该拉深件的工序次数。从降低件产成本出发，希望拉深次数越少越好，即采用较小的拉深系数。

　　拉深过程中起皱和拉裂是主要的成形障碍。一般情况下，起皱可以通过使用压边圈等方法解决，拉裂是一定要防止的。在保证拉深顺利进行的情况下，拉深系数小到一个极限值，如果再小就会拉裂或严重变薄而成为废品，此极限值称为极限拉深系数。因此，每次拉深选择使拉深件不破裂的最小拉深系数，才能保证拉深工艺顺利实现。

　　2.极限拉深系数

　　生产上采用的极限拉深系数是考虑了各种具体条件后用实验方法求出的，与被拉深毛坯的材料性质有着密切的关系。通常 $m_1 = 0.46 \sim 0.60$，以后各次的拉深系数在 $0.70 \sim 0.86$ 之间。极限拉深系数可按有压边圈和无压边圈时的拉深系数分别查表 5－7 和 5－8 得出。

　　实际生产中采用的拉深系数一般均大于表中所列数字，因采用过小的接近于极限值的拉深系数会使工件在凸模圆角部位过分变薄，在以后的拉深工序中这变薄严重的缺陷会转移到工件侧壁上去，使工件质量降低。

表 5 - 7　带压边圈的极限拉深系数

拉深系数	坯料相对厚度[$(t/D) \times 100$]					
	2.0～1.5	1.5～1.0	1.0～0.6	0.6～0.3	0.3～0.15	0.15～0.08
m_1	0.48～0.50	0.50～0.53	0.53～0.55	0.55～0.58	0.58～0.60	0.60～0.63
m_2	0.73～0.75	0.75～0.76	0.76～0.78	0.78～0.79	0.79～0.80	0.80～0.82
m_3	0.76～0.78	0.78～0.79	0.79～0.80	0.80～0.81	0.81～0.82	0.82～0.84
m_4	0.78～0.80	0.80～0.81	0.81～0.82	0.82～0.83	0.83～0.85	0.85～0.86
m_5	0.80～0.82	0.82～0.84	0.84～0.85	0.85～0.86	0.86～0.87	0.87～0.88

注:1)表中拉深数据适用于 08 钢、10 钢和 15Mn 钢等普通拉深碳钢及黄铜 H62。对拉深性能较差的材料,如 20 钢、25 钢、Q215 钢、Q235 钢、硬铝等应比表中数值大 1.5%～2.0%;而对塑性较好的材料,如 05 钢、软铝等应比表中数值小1.5%～2.0%。

2)表中数据适用于未经中间退火的拉深。若采用中间退火工序时,则取值应比表中的数值小 2%～3%。

3)表中较小值适用于大的凹模圆角半径 $r_d = (8～15)t$,较大值适用于小的凹模圆角半径 $r_d = (4～8)t$。

表 5 - 8　不带压边圈的极限拉深系数

拉深系数	坯料的相对厚度[$(t/D) \times 100$]				
	1.5	2.0	2.5	3.0	＞3
m_1	0.65	0.60	0.55	0.53	0.50
m_2	0.80	0.75	0.75	0.75	0.70
m_3	0.84	0.80	0.80	0.80	0.75
m_4	0.87	0.84	0.84	0.84	0.78
m_5	0.90	0.87	0.87	0.87	0.82
m_6	—	0.90	0.90	0.90	0.85

注:此表适用于 08 钢、10 钢及 15Mn 钢等材料。

　　表 5 - 7 和表 5 - 8 中的 m_1、m_2、m_3、m_4 和 m_5 分别为有压边圈与无压边圈时的多次拉深工序的极限拉深系数,对于其他材料的极限拉深系数也可通过实验的方法测得。对于其他类型模具的拉深,应对表中的极限拉深系数进行修正,如当毛坯的相对厚度较大时,拉深时不易起皱,因而采用不带压边圈的锥形凹模拉深,此时极限拉深系数 m_1 值可以大幅下降,甚至可以低于 0.4。

　　知道了材料的极限拉深系数后就可以根据工件的尺寸和毛坯的尺寸,从第一道拉深工序开始向后推算以后拉深的工序数及其各工序毛坯的尺寸。但是如果这些推算都按极限拉深系数来计算,在实际生产中会发生这样的情况:毛坯在凸模圆角处过分变薄,而且在以后的拉深工序中,这部分变薄严重的缺陷会转移至成品工件的筒壁上去,对拉深工件的质量产生影响。由此可见,对于有较高要求的工件,在计算工序数和各工序尺寸时,不能取极限拉深系数作为计算依据,而要取大于极限拉深系数的拉深系数来进行计算,防止筒壁变薄,影响拉深件的质量。

3. 拉深次数

当拉深件的直径与毛坯直径之比(总拉深系数)大于表5-7和表5-8中的 m_1 时,说明该工件只需一次拉深即可;如果总拉深系数小于 m_1,则说明该工件需要两次或两次以上拉深,计算拉深次数的方法如下。

根据拉深系数的定义可得:

第一次拉深后工件直径为

$$d_1 = m_1 D$$

第二次拉深后工件直径为

$$d_2 = m_2 d_1 = m_1 m_2 D$$

第三次拉深后工件直径为

$$d_3 = m_3 d_2 = m_1 m_2 m_3 D$$

第 n 次拉深后工件直径为

$$d_n = m_n d_{n-1} = m_1 m_2 \cdots m_n D \tag{5-8}$$

已知拉深件尺寸即可计算出毛坯直径 D,参考表5-7和表5-8中的极限拉深系数可计算出各次拉深后的工件直径,直到试冲 $d_n \leqslant d_{n-1}$(d 为工件直径),这样 n 即为拉深次数。

拉深次数也可根据拉深件相对高度和毛坯相对厚度 $[(t/D) \times 100]$ 查表5-9获得。

表5-9 拉深件相对高度 h/d 与拉深次数的关系

拉深次数	毛坯相对厚度 $[(t/D) \times 100]$					
	2~1.5	1.5~1.0	1.0~0.6	0.6~0.3	0.3~0.15	0.15~0.08
1	0.94~0.77	0.84~0.65	0.71~0.57	0.62~0.5	0.5~0.45	0.46~0.38
2	1.88~1.54	1.60~1.32	1.36~1.1	1.13~0.94	0.96~0.63	0.9~0.7
3	3.5~2.7	2.8~2.2	2.3~1.8	1.9~1.5	1.6~1.3	1.3~1.1
4	5.6~4.3	4.3~3.5	3.6~2.9	2.9~2.4	2.4~2.0	2.0~1.5
5	8.9~6.6	6.6~5.1	5.2~4.1	4.1~3.3	3.3~2.7	2.7~2.0

注:大的 h/d 值适用于第一次拉深的凹模圆角半径 $r_d = (8\sim15)t$;小的 h/d 值适用于第一次拉深凹模半径 $r_d = (8\sim15)t$。

毛坯在拉深过程中,其相对厚度越小,毛坯抗失稳性能越差,越容易起皱;相对厚度越大,越稳定,越不容易起皱。拉深时,对较薄的材料,为防止起皱,常采用压边圈压住毛坯。而较厚的材料由于稳定性较好可不用压边圈。判断拉深时毛坯是否会起皱,即是否采用压边圈,是个相当复杂的问题,在处理生产中的实际问题时,可按表5-10判断。

表5-10 采用或不采用压边圈的条件

拉深方法	第一次拉深		以后各次拉深	
	$(t/D) \times 100$	m_1	$(t/D) \times 100$	m_n
用压边圈	<1.5	<0.60	<1	<0.80
可用可不用	1.5~2.0	0.60	1~1.5	0.80
不用压边圈	>2.0	>0.60	>1.5	>0.80

4.拉深件直径尺寸的计算

第一次拉深后工件直径为

$$d_1 = m_1 D$$

第二次拉深后工件直径为

$$d_2 = m_2 d_1$$

第三次拉深后工件直径为

$$d_3 = m_3 d_2$$

第 n 次拉深后工件直径为

$$d_n = m_n d_{n-1}$$

5.拉深凸凹模圆角半径的计算

(1)拉深凹模的圆角半径 r_d

凹模圆角半径 r_d（见图 5-10）对拉深过程有很大影响,如果 r_d 太小,毛坯拉入凹模的阻力增大,总拉深力也增加,易产生裂纹。如果 r_d 太大,就削弱了压料圈的作用,易起皱,如图 5-11所示。选择的原则是在保证不起皱的条件下尽量选大值,大的 r_d 可以降低极限拉深系数,而且还可以提高拉深件的质量。

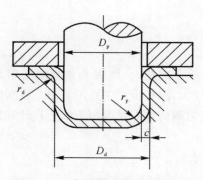

图 5-10　拉深模工作部分的尺寸

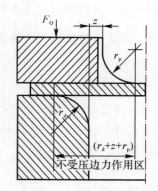

图 5-11　拉深初期毛坯与凸、凹模的位置关系

首次拉深的凹模圆角半径可以按照以下经验公式确定:

$$r_d = 0.8\sqrt{(D-d)t} \tag{5-9}$$

以后各次拉深的凹模圆角半径应逐渐缩小,一般可按以下公式确定:

$$r_{dn} = (0.6 \sim 0.8) r_{d(n-1)} \tag{5-10}$$

式中:$r_{d(n-1)}$ —— 毛坯半径或上道工序拉深半径;

r_{dn} —— 本道工序拉深件的半径。

以上计算所得凹模圆角半径均应符合 $r_d \geqslant 2t$ 的拉深工艺性要求。对于带凸缘的圆筒形件,最后一次拉深的凹模圆角半径还应与零件的凸缘圆角半径相等。

(2)拉深凸模的圆角半径 r_p

凸模圆角半径对拉深的影响不像凹模圆角半径那样显著。r_p 过小,毛坯在该处受到较大的弯曲变形,使危险断面的强度降低,过小的 r_p 会引起危险断面局部变薄甚至开裂,也影响拉深件的表面质量。r_p 过大时,凸模端面与毛坯接触面积减小,易使拉深件底部变薄增大和圆角处出现内皱。

一般首次拉深凸模的圆角半径为

$$r_p = (0.7 \sim 1.0) r_d \qquad (5-11)$$

以后各次拉深凸模的圆角半径 r_p 应逐渐缩小,且尽可能与凹模取得一致,一般可按下式确定:

$$r_{pn} = (0.6 \sim 0.8) r_{p(n-1)} \qquad (5-12)$$

最后一次拉深时,凸模圆角半径应等于拉深件底部圆角半径,即 $r_{pn} = r_{拉深件}$;否则应加整形工序,以得到 $r_{拉深件}$。

6. 半成品高度尺寸的计算

拉深后工件高度可按求毛坯尺寸的公式演变求得,其计算公式为

$$h_n = 0.25 \left(\frac{D^2}{d_n} - d_n \right) + 0.43 \frac{r_{pn}}{d_n} (d_n + 0.32 r_{pn}) \qquad (5-13)$$

式中:h_n——第 n 次拉深后工件的高度,mm;

　　D——毛坯直径,mm;

　　d_n——第 n 次拉深后工件的直径,mm;

　　r_{pn}——第 n 次拉深时凸模的圆角半径,mm。

5.2.4　压边力与拉深力的确定

1. 拉深力的计算

圆筒形零件拉深时,拉深力理论上是由变形区的变形抗力、摩擦力和弯曲变形力等组成的。其理论计算很烦琐,而且计算结果与实际差别较大,故在生产中并不常用。在实际生产中常用经验公式计算拉深力。圆筒形拉深件采用带压边圈的拉深时可用下列公式计算拉深力。

首次拉深:

$$F_1 = \pi d_1 t \sigma_b k_1 \qquad (5-14)$$

以后各次拉深:

$$F_i = \pi d_i t \sigma_b k_2 \qquad (5-15)$$

当拉深件不采用带压边圈的拉深时可用下列公式计算拉伸力。

首次拉深:

$$F_1 = 1.25 \pi (D - d_1) t \sigma_b \qquad (5-16)$$

以后各次拉深:

$$F_i = 1.3 \pi (d_{i-1} - d_i) t \sigma_b \qquad (5-17)$$

式 $(5-14) \sim$ 式 $(5-17)$ 中:

　　σ_b——材料的抗拉强度;

　　t——材料的厚度;

　　i——$2,3,4,\cdots,n$;

k_1, k_2——修正系数,其值可以查表 $5-11$。

表 5 - 11　修正系数 k_1、k_2 的数值

m_1	0.55	0.57	0.60	0.62	0.62	0.67	0.70	0.72	0.75	0.77	0.72
k_1	1.00	0.93	0.86	0.79	0.72	0.66	0.60	0.55	0.50	0.45	0.40
$m_2,\cdots,m_n$	0.70	0.72	0.75	0.77	0.80	0.85	0.90	0.95	—	—	—
k_2	1.00	0.95	0.90	0.85	0.80	0.70	0.60	0.50	—	—	—

2. 压边力的计算

施加压边力(用 F_Q 表示)是为了防止毛坯在拉深变形过程中的起皱,压边力的大小对拉深工作的影响很大。如果 F_Q 太大,会增加危险断面处的拉应力而导致破裂或严重变薄,F_Q 太小时防皱效果不好。

生产中,压边力 F_Q 都有一个调节范围,它的确定建立在实践经验的基础上,其大小可按表5-12 中所列的公式计算。

表 5 - 12　计算压边力的公式

拉深情况	公式
任何情况拉深件	$F_Q = Aq$
筒形件第一次拉深	$F_Q = \pi/4[D^2 - (d_1 + 2r_d)^2]q$
筒形件以后各次拉深	$F_Q = \pi/4[d_{n-1}^2 - (d_n + 2r_d)^2]q$

在表 5 - 12 中,q 为单位压边力(MPa),q 可查表 5 - 13;A 为压边面积。

表 5 - 13　单位压边力 q

材料名称		单位压边力 q/MPa	材料名称	单位压边力 q/MPa
铝		0.8~1.2	镀锌钢板	2.5~3.0
紫铜、硬铝(已退火)		1.2~1.8	高合金钢不锈钢	3.0~4.5
黄铜		1.5~2.0		
软钢	$t<0.5$ mm	2.5~3.0	高温合金	2.8~3.5
	$t>0.5$ mm	2.0~2.5		

生产中也可根据第一次的拉深力 F_1,计算压边力为

$$F_Q = 0.25F_1 \tag{5-18}$$

3. 压力机吨位选择

选择压力机的总压力为

$$F_Z = F_Q + F \tag{5-19}$$

式中:F_Z—— 拉深总压力,N;

　　F_Q—— 拉深压边力,N;

　　F—— 拉深力,N。

由于拉深工作一般都在普通压力机上进行,而普通压力机滑块的压力,在全行程中不是一

个常数,而是随着曲轴转角的变化而变化,当滑块接近下死点时,压力才达到最大值。因此,要使普通压力机不过载地用于拉深工作,应把标定公称压力乘上修正系数,用减小实际公称压力的方法作为选用该压力机最大拉深力的依据。一般可按下列公式做概略计算:

浅拉深时

$$F_z \leqslant (0.7 \sim 0.8)F_0 \qquad (5-20)$$

深拉深时

$$F_z \leqslant (0.5 \sim 0.6)F_0 \qquad (5-21)$$

式中:F_z——拉深力和压边力的总和,用复合冲压时还包括其他力;

F_0——压力机的公称压力。

5.2.5 拉深模具结构和尺寸设计

1.拉深模的间隙

拉深模的间隙是指拉深凹模与凸模之间的单边间隙。由于拉深时制件上部尺寸略有变厚,底部圆角处变薄,因此,一般拉深凸、凹模间隙大于材料厚度。拉深模凸模与凹模之间的间隙对拉深力、制件质量、模具寿命等都有很大的影响。间隙过小,摩擦阻力增大,零件变薄严重,甚至拉裂,同时模具磨损加大,寿命低。间隙过大,拉深件口部小的皱纹得不到挤平而会残留在表面,同时零件回弹变形大,易起皱,精度差。

拉深模的间隙数值主要决定于拉深方法、零件形状及尺寸精度等。确定间隙的原则是:既要考虑板料本身的公差,又要考虑板料在变形中的增厚现象,间隙选择一般都比毛坯厚度略大一些。

1)无压边圈拉深模具的单边间隙为

$$C = (1\sim1.1)t_{\max} \qquad (5-22)$$

对于系数 $1\sim1.1$,最后一次拉深或精密零件的拉深取小值,首次和中间各次拉深或精度要求不高零件的拉深取偏大值。

2)有压边圈拉深模具的单边间隙值,按表 5-14 确定。

3)拉深模凸、凹模间隙取向时除最后一次拉深外,其余各工序的拉深间隙不作规定;最后一道拉深,当零件要求外形尺寸时,间隙取在凸模上;当零件要求内形尺寸时,间隙取在凹模上。

表 5-14 有压边拉深模单边间隙值

总拉深次数	拉深工序	单边间隙$(Z/2)$/mm
1	一次拉深	$(1\sim1.1)t$
2	第一次拉深	$1.1t$
	第二次拉深	$(1\sim1.05)t$
3	第一次拉深	$1.2t$
	第二次拉深	$1.1t$
	第三次拉深	$(1\sim1.05)t$

续表

总拉深次数	拉深工序	单边间隙($Z/2$)/mm
4	第一、二次拉深 第三次拉深 第四次拉深	$1.2t$ $1.1t$ $(1\sim1.05)t$
5	第一、二、三次拉深 第四次拉深 第五次拉深	$1.2t$ $1.1t$ $(1\sim1.05)t$

2. 拉深凸凹模工作部分尺寸及公差的确定

在对凸、凹模工作部分尺寸及公差设计时,应考虑到拉深件的回弹、壁厚的不均匀和模具的磨损规律。零件的回弹使口部尺寸增大;筒壁上、下厚度的差异使零件精度不高;模具磨损最严重的是凹模,而凸模磨损最小。因此,计算尺寸的原则是:

1)对于多次拉深时的中间过渡拉深工序,其半成品尺寸要求不高。这时,模具的尺寸只要取半成品过渡尺寸即可,基准选用凹模或凸模没有硬性规定。

2)最后一道工序的凸模、凹模尺寸和公差应按零件的要求来确定。

当零件要求外形[见图 5-12(a)]时,以凹模为基准进行计算,则

凹模尺寸:

$$D_d = (D_{\max} - 0.75\Delta)^{+\delta_d}_{\ 0} \tag{5-23}$$

凸模尺寸:

$$D_p = (D_{\max} - 0.75\Delta - Z)^{\ 0}_{-\delta_p} \tag{5-24}$$

当零件要求内形[见图 5-12(b)]时,以凸模为基准进行计算,则

凸模尺寸:

$$d_p = (d_{\min} + 0.4\Delta)^{\ 0}_{-\delta_p} \tag{5-25}$$

凹模尺寸:

$$d_d = (d_{\min} + 0.4\Delta + Z)^{+\delta_d}_{\ 0} \tag{5-26}$$

式中:D_d、d_d——凹模的工作尺寸;

　　　D_p、d_p——凸模的工作尺寸;

$D_{\max}$、$d_{\min}$——拉深件外形的最大极限尺寸和内形的最小极限尺寸;

　　　Z——拉深凸、凹模间隙;

　　　Δ——零件的公差;

　　δ_d、δ_p——拉深凸、凹模制造公差,一般可按 IT6 ~ IT9 级精度确定,也可按零件公差的 $1/3\sim1/4$ 选取。

对于多次拉深,工序件尺寸与公差无须严格要求,中间各道工序的凸、凹模尺寸只需等于工序件尺寸即可。若以凹模为基准时,则

凹模尺寸:

$$D_d = D^{+\delta_d}_{\ 0} \tag{5-27}$$

凸模尺寸:

$$D_p = (D - Z)_{-\delta_p}^{0} \tag{5 - 28}$$

式中：D—— 各工序件的基本尺寸。

拉深凸、凹模工作表面粗糙度要求：凹模工作表面与模腔表面粗糙度要求 Ra 为 $0.4\ \mu m$；圆角表面一般要求 Ra 为 $0.2\ \mu m$。凸模工作表面粗糙度一般要求 Ra 为 $0.8\ \mu m$；圆角和端面要求 Ra 为 $1.6\ \mu m$。

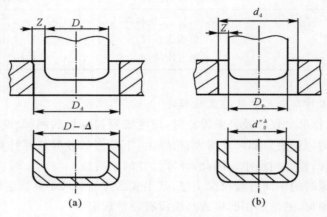

(a)　　　　　　　　　(b)

图 5 - 12　拉深零件尺寸与模具尺寸

3. 拉深模具的总体结构设计

拉深模具按工艺顺序可分为首次拉深模和以后各次拉深模；按其使用的设备又可分为单动压力机用拉深模、双动压力机用拉深模和三动压力机用拉深模；按工序的组合又可分为单工序拉深模、复合模和连续拉深模。此外，还可按有无压边装置分为带压边装置和不带压边装置的拉深模等。

（1）首次拉深模具

1）无压边装置的首次拉深模具。图 5 - 13 为无压边装置的首次拉深模。工作时，坯料在定位圈 3 中定位，拉深结束后，工件由凹模 4 底部的台阶完成脱模，并由下模板底孔落下。由于模具没有采用导向机构，故模具安装时由校模圈 2 完成凸、凹模的对中，保证间隙均匀，工作时应将校模圈移走。此类模具结构简单、制造方便，常用于材料塑性好、相对厚度较大的工件拉深。因为拉深凸模要深入凹模，所以该模具只适用于浅拉深。

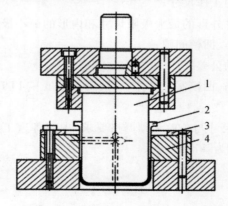

1—凸模；　2—校模圈；　3—定位圈；　4—凹模

图 5 - 13　无压边装置的首次拉深模

2)带压边装置的首次拉深模。图 5-14 为带压边装置的首次拉深模。零件 7 即为弹性压边圈(同时起定位和卸料的作用),其压边力由连接在下模座上的弹性压边装置提供。工作时,毛坯在压边圈定位,凹模下行与工件接触,拉深结束后,凹模上行,压边圈恢复原位,将工件从凸模上刮下,使工件留在凹模内,最后由打料杆 2 将工件推出凹模。此类模具经常采用倒装结构,由于提供压边力的弹性元件受到空间位置的限制,所以压边装置及凸模一般安装在下模,凹模安装在上模。

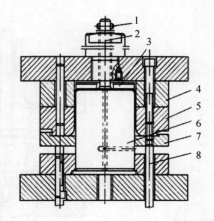

1—挡销; 2—打料杆; 3—推件块; 4—垫块;
5—凹模; 6—凸模; 7—弹性压边圈; 8—卸料螺钉
图 5-14 带压边装置的首次拉深模

3)双动压力机上使用的首次拉深模。图 5-15 为在双动压力机上使用的首次拉深模。双动压力机有两个滑块,内滑块与凸模 1 相连接;外滑块与压边圈 3、上模座 2 相连接。工作时,毛坯在凹模 4 上定位,外滑块首先带动压边圈 3 压住毛坯,然后拉深凸模下行进行拉深。拉深结束后,凸模先回复,工件则由于压边圈 3 的限制而留在凹模上,最后由顶件块 6 顶出。由于双动压力机外滑块提供的压边力恒定,故压边效果好。

此类模具常用于变形量大、质量要求高、生产批量大的工件拉深。

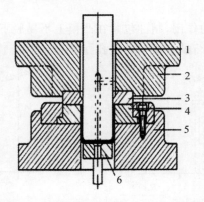

1—凸模; 2—上模座; 3—压边圈; 4—凹模; 5—下模座; 6—顶件块
图 5-15 双动压力机上使用的首次拉深模

(2)以后各次拉深模具

在以后各次拉深中,因为毛坯已不是平板形状,而是已经拉深过的半成品,所以毛坯在模具上的定位方法要与此相适应。图 5-16 所示为无压边装置的以后各次拉深模,它仅用于直径缩小量不大的拉深。图 5-17 所示为有压边装置的以后各次拉深模,这是一般最常见的结构形式。拉深前,因为毛坯套在压边圈 4 上,所以压边圈的形状必须与上一次拉出的半成品相适应。拉深后,压边圈将冲压件从拉深凸模 3 上托出,推件板 1 将冲压件从凹模中推出。

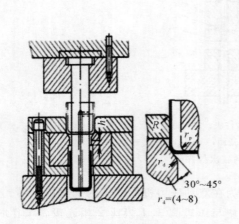

图 5-16　无压边装置的以后各次拉深模

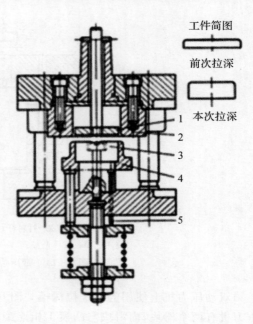

工件简图

前次拉深

本次拉深

1—推板;　2—拉深凹模;　3—拉深凸模;
4—压边圈;　5—顶杆
图 5-17　有压边装置的以后各次拉深模

4.拉深模零件的设计

(1)拉深凸模的结构设计

拉深后由于受空气压力的作用,制件包紧在凸模上不易脱下,材料厚度较薄时冲件甚至会被压瘪。因此,通常都需要在凸模上留有通气孔[见图 5-18(a)]。

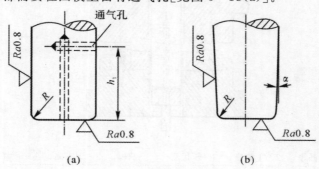

(a)　　　　　　　　　　(b)

图 5-18　拉深凸模的形式
(a)带通气孔的拉深凸模;　(b)带锥度的拉深凸模

通气孔的开口高度 h_1 应大于制件的高度 H,一般取

$$h_1 = H + (5 \sim 10) \text{ mm} \tag{5-29}$$

通气孔的直径不宜太小,否则容易被润滑剂堵塞或因通气量小而导致气孔不起作用。圆形凸模通气孔的尺寸见表 5-15。

拉深后为了使制件容易从模具上脱下,凸模的高度方向应带有一定锥度,如图 5-18(b) 所示。一般圆筒形零件的拉深,α 可取 $2' \sim 5'$。

表 5-15 圆形凸模通气孔的尺寸   单位:mm

凸模尺寸 d_p	≤10	>10~50	>50~200	>200~500	>500
通气孔直径 d	5	6.5	8	8	9.5

(2)拉深凹模的结构设计

拉深结束后由于板料弹性回复的作用,拉深件的口部略有增大。这时,凹模口部直壁部分的下端应做成直角,这样在凸模回程时,凹模就能将拉深件钩下,直角部分单边宽度可取 $2 \sim 5$ mm,高度可取 $4 \sim 6$ mm,凹模壁厚可取 $30 \sim 40$ mm。拉深凹模结构参如图 5-19 所示。

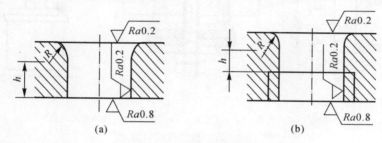

图 5-19 拉深凹模结构

(3)拉深压边装置的设计

压边装置的作用是提高法兰部分的抗失稳能力,从而防止起皱。压边圈按压料形式可分为刚性压边圈和弹性压边圈,按结构形式又可分为平面压边圈、锥形压边圈和弧形压边圈。

1)刚性压边装置。刚性压边装置的类型如图 5-20 所示。图 5-20(a)~(d)用于首次拉深,其中图 5-20(a)为常用结构。图 5-20(b)(c)在拉深凸缘宽度很宽的凸缘拉深件时采用。图 5-20(d)可以通过调整限位钉来调节压边力的大小,并使压边力在拉深过程中保持不变。图 5-20(e)(f)用于以后各次的拉深。

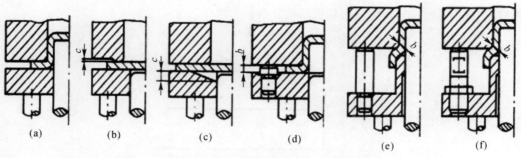

图 5-20 刚性压边圈的结构

图 5-20 中的参数值为

$$c = (0.2 \sim 0.5)t$$

$$b = 1.1t(拉深铝合金、钢时)$$

$$b = t + (0.05 \sim 0.1)\,\text{mm}(拉深带凸缘件时)$$

2) 弹性压边装置。弹性压边装置多用于普通单动压力机上。根据产生压边力的弹性元件不同，弹性压料装置可分为弹簧式、橡胶式和气垫式三种，如图 5-21 所示。

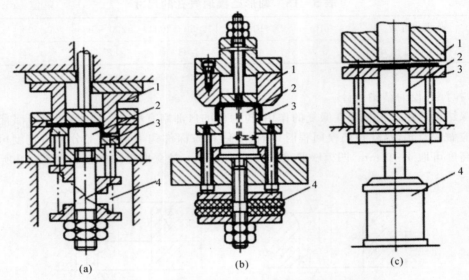

(a)　　　　　　　(b)　　　　　　　(c)

1—凹模；　2—凸模；　3—压边圈；　4—弹性元件(弹顶器或气垫)

图 5-21　弹性压边装置

上述三种压边装置的压边力变化曲线如图 5-22 所示。由图可以看出，弹簧式压边装置和橡胶式压边装置的压边力是随着工作行程(拉深深度)的增加而增大的，尤其是橡胶式压边装置更突出。这样的压边力变化特性会使拉深过程中的拉深力不断增大，从而增大拉裂的风险。因此，弹簧式压边装置和橡胶式压边装置通常只用于浅拉深。但是，这两种压边装置结构简单，在中小型压力机上使用较为方便。只要正确地选用弹簧的规格和橡胶的牌号及尺寸，并采取适当的限位措施，就能减少它不利的方面。弹簧应选总压缩量大、压力随压缩量增加而缓慢增大的规格。橡胶应选用软橡胶，并保证相对压缩量不过大，建议橡胶总厚度不小于拉深工作行程的 5 倍。气垫式压边装置压料效果好，压边力基本上不随工作行程而变化(压边力的变化可控制在 10%～15%)，但气垫装置结构复杂。

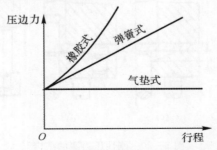

图 5-22　三种压边装置的压边力变化曲线

　　压边圈是压边装置的关键零件,常见的结构形式有平面压边圈、锥形压边圈和弧形压边圈,如图 5-23 所示。一般的拉深模具采用平面压边圈[见图 5-23(a)];当坯料相对厚度较小,拉深件凸缘小且圆角半径较大时,则采用带弧形的压边圈[见图 5-23(c)];锥形压边圈[见图 5-23(b)]能降低极限拉深系数,其锥角与锥形凹模的锥角相对应,一般取 $\beta = 30° \sim 40°$,主要用于拉深系数较小的拉深件。

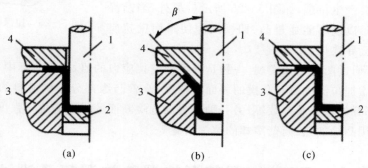

1—凸模;　2—顶板;　3—凹模;　4—压边圈

图 5-23　压边圈的结构形式

(a)平面形压边圈;　(b)锥形压边圈;　(c)弧形压边圈

5.2.6　常见问题和解决措施

拉深中常见的问题主要是起皱和拉裂。

1.起皱

起皱是指拉深过程中,毛坯凸缘部分承受的切向压应力超过了临界压应力,产生塑性失稳,在毛坯边缘沿切向形成高低不平的皱纹。

凸缘部分是拉深过程中的主要变形区,而该变形区受最大切向压应力作用,主要变形是切向压缩变形。当切向压应力较大而板料又相对较薄时,凸缘部分的料厚与切向压应力之间失去了应有的比例关系,凸缘区材料便会失去稳定,从而在凸缘的整个周围产生波浪形的连续皱折,这就是拉深时的起皱现象,如图 5-24 所示。

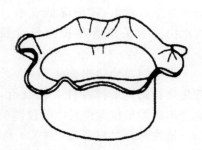

图 5-24　拉深件的起皱现象

为了防止起皱,生产实践中最常采用如下方法:

1)采用有压边圈的拉深;

2)根据材料的塑性,选择合理的变形程度(即一次变形量不宜太大);

3)合理选择凸、凹模间隙及圆角半径;

4)选用合理的润滑剂,减小制件与模具制件的摩擦。

在拉深模具上设置压边装置,使坯料凸缘区夹在凹模平面与压边圈之间通过,材料的稳定性得到提高,起皱也就不容易发生。当然并不是任何情况下都会发生起皱现象,当变形程度较小,坯料相对厚度较大时,一般不会起皱,这时就可以不采用压边装置。

2. 拉裂

坯料经过拉深后,圆筒形件壁部的厚度与硬度都会发生变化,在筒壁与凸模圆角相切处,板料变薄最为严重,此处成为筒壁部分最薄弱的地方,是拉深时最容易破裂的"危险断面"。当筒壁的拉应力超过了危险断面处材料的有效抗拉强度时,拉深件就会产生拉裂,如图 5-25 所示。另外,当凸缘区起皱时,坯料难以或不能通过凸、凹模间隙使得筒壁拉应力急剧增大,也会导致拉裂。

图 5-25 拉深件的拉裂现象

防止拉裂可通过两种途径实现:一种是降低筒壁拉应力的值,生产实际中可采用适当的拉深比和压边力,增加拉深次数和凸模的表面粗糙度,改善凸缘部分变形材料的润滑条件,合理设计模具工作部分的形状及参数等;另一种是提高危险断面处材料的抗拉强度,如选用拉深性能好的材料,采用凸缘加热、筒壁冷却的拉深措施等。

5.3 案例一:圆筒形拉深件拉深模具设计

案例任务:生产如图 5-26 为圆筒形拉深件,根据图上的基本尺寸,选择合适的生产加工方法进行大批量生产。

制件描述:该拉深件为无凸缘圆筒形件,材料为碳素结构钢,该拉深件材料厚度 $t=0.8$ mm,属不变薄拉伸,大批量生产,采用拉深模加工既能保证产品质量,又能满足生产效率的要求,还能降低成本。由于产品批量大,所以首次拉深如采用落料拉深复合模,生产精度高,使用寿命长。

本案例在冲裁出圆形坯料的情况下,进行拉深成形,首先进行圆筒形拉深件工艺分析,再进行工艺计算,最终设计出圆筒形拉深件对应的拉深模具。

该拉深件材料厚度 $t=0.8$ mm,属不变薄拉伸,大批量生产,采用拉深模加工既能保证产品质量,又能满足生产效率的要求,还能降低成本。因为产品批量大,所以首次拉深如采用落料拉深复合模,生产精度高,使用寿命长。

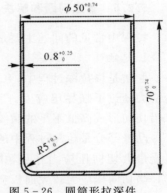

图 5-26 圆筒形拉深件

5.3.1 圆筒形拉深件工艺性分析

图 5-26 为圆筒形拉深件,材料为碳素结构钢,该拉深件板料厚度 $t=0.8$ mm。拉深件的工艺性如下:

1)材料:该冲裁件的材料是碳素工具钢,具有较好的可拉深性能。

2)零件结构:该制件为圆桶形拉深件,故对毛坯的计算要注意。

3)单边间隙、拉深凸凹模及拉深高度的确定应符合制件要求。

4)凸凹模的设计应保证各工序间动作稳定。

5)尺寸精度:零件图上所有未注公差的尺寸属于自由尺寸,可按 IT14 级确定工件尺寸的公差。

5.3.2　圆筒形拉深件工艺方案及模具结构类型的确定

该拉深件包括落料、拉深两个基本工序，可有以下四种工艺方案。

方案一：先落料，首次拉深，再次拉深，采用单工序模生产。

方案二：落料＋拉深复合，后二次拉深，采用复合模＋单工序模生产。

方案三：先落料，后二次复合拉深，采用单工序模＋复合模生产。

方案四：落料＋拉深＋再次拉深，采用复合模生产。

方案一模具结构简单，但需三道工序、三副模具，成本高而生产效率低，难以满足大批量生产要求。方案二只需两副模具，工件的精度及生产效率都较高，工件精度也能满足要求，操作方便，成本较低。方案三也只需要两副模具，但制造难度大，成本也大。方案四只需一副模具，生产效率高，操作方便，工件精度也能满足要求，但模具成本造价高。

通过对上述四种方案的分析比较，该件的冲压生产采用方案二为佳。

5.3.3　圆筒形拉深拉深工艺计算

1. 圆筒形拉深件修边余量的确定

该拉深件高度 $h=70$ mm，$d=50$ mm-1.6 mm$=48.4$ mm，则 $h/d=70/48.4=1.45$。查表 5-5 知，无凸缘零件切边余量 $\Delta=3.8$ mm，则可得拉深高度 $H=h+\Delta=70$ mm$+3.8$ mm$=73.8$ mm。

2. 圆筒形拉深件毛坯直径的计算

由于板厚小于 1 mm，故可直接用工件图所示尺寸计算，不必用中线尺寸计算。

由式(5-5)得

$$D=\sqrt{d^2+4dH-1.72rd-0.56r^2}=$$
$$\sqrt{50^2+4\times50\times73.8-1.72\times5\times50-0.56\times5^2}\ \text{mm}\approx130\ \text{mm}$$

3. 圆筒形拉深件拉深次数的确定

按毛坯相对厚度 $t/D\approx0.62\%$ 和工件相对高度 $H/d\approx1.36$，查表 5-9 可得 $n=2$，初步确定需要两次拉成，同时需增加一次整形工序。

4. 圆筒形拉深件拉深系数的确定

由于该工件需要两次拉深，相对厚度 $t/D\approx0.62\%$，查表 5-10 得，拉深模具需要用到压边圈。因此由表 5-7 得首次拉深系数 m_1 和二次拉深系数 m_2：

$$m_1=0.53,\quad m_2=0.76$$

5. 圆筒形拉深件各次拉深直径的计算

列式计算：

$$d_1=mD=0.53\times130\ \text{mm}\approx69\ \text{mm}$$
$$d_2=md_1=0.76\times69\ \text{mm}\approx50\ \text{mm}$$

6. 圆筒形拉深件各次拉深凸凹模圆角半径的计算

考虑到实际采用的拉深系数均接近其极限值，故首次拉深凹模圆角半径 r 应取大些，由式(5-9)～式(5-12)，分别计算各次拉深凹模与凸模的圆角半径为

$$r_{d1} \approx 8 \text{ mm}, \quad r_{p1} \approx 6 \text{ mm}$$
$$r_{d2} \approx 6 \text{ mm}, \quad r_{p2} \approx 5 \text{ mm}$$

7. 圆筒形拉深件各次工序件高度的计算

由式(5-13)得

$$h_1 \approx 49 \text{ mm}, \quad h_2 \approx 74 \text{ mm}$$

8. 圆筒形拉深件拉深工序简图

圆筒形拉深件拉深工序简图如图 5-27 所示。

9. 圆筒形拉深件裁板方案的确定

制件的毛坯为简单的圆形件，而且尺寸比较小，考虑到操作方便，宜采用单排。由于板料厚度 $t = 0.8$ mm，选用规格为 0.8 mm$\times$500 mm$\times$1 000 mm 的板料。

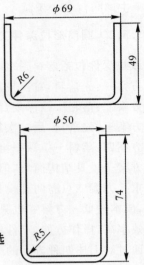

图 5-27　拉深工序简图

5.3.4　圆筒形拉深件工序冲压力、压力中心以及压力机的选

(1) 圆筒形拉深件的落料力、卸料力及顶件力的计算

1) 落料力的计算。由公式 $F_{\text{落}} = 1.3Lt\tau$ 得

$$F_{\text{落}} = (1.3 \times 2 \times 25 \times 0.8 \times 400) \text{ kN} = 65.31 \text{ kN}$$

式中：L—— 冲裁轮廓的总长度；

　　　t—— 板料厚度；

　　　τ—— 板料的抗拉强度，查手册可知 $\tau = 400$ MPa。

2) 卸料力 $F_{\text{卸}}$ 和顶件力 $F_{\text{顶}}$ 的计算。由公式 $F_{\text{卸}} = K_1 F_{\text{落}}$（$K_1$ 为卸料力系数，查表 3-2 得 $K_1 = 0.05$）和 $F_{\text{顶}} = K_3 F_{\text{落}}$（$K_3$ 为顶件力系数，查表 3-3 得 $K_2 = 0.08$）得

$$F_{\text{卸}} = 3.27 \text{ kN}, \quad F_{\text{顶}} = 5.22 \text{ kN}$$

(2) 圆筒形拉深件的压边力的计算

采用压边的目的是防止变形区板料在拉深过程中的起皱，是否采用压边装置主要取决于拉深系数 m 和相对厚度 $(t/D) \times 100\%$，可查表 5-10 确定是否用压边圈。

由于 $(t/D) \times 100\% = (0.8/130) \times 100\% = 0.62\%$，首次拉深系数 $m_1 = 0.53$。

由表 5-10 查得两次拉深都用到了压边圈，因此需要计算压边力。

由压边力公式 $F_Q = Aq$，查表 5-13 可知，$q = 2$ MPa，最终根据公式计算第一次拉深压边力为

$$F_{Q1} = 15.2 \text{ kN}, \quad F_{Q2} = 1.44 \text{ kN}$$

(3) 圆筒形拉深件的拉深力的计算

根据拉深力计算的公式[式(5-14)和式(5-15)]，并查表 5-11 得 $k_1 = 1, k_2 = 0.85$，计算出首次拉深力和二次拉深的拉深力为

$$F_1 = 69.33 \text{ kN}, \quad F_2 = 42.7 \text{ kN}$$

综上所述：

$$F_{\text{总}} = F_{\text{落}} + F_{\text{卸}} + F_{\text{顶}} + F_{Q1} + F_{Q2} + F_1 + F_2 = 202.47 \text{ kN}$$

(4) 圆筒形拉深件压力中心的计算

由于是圆筒形工件，因此工件的压力中心应为圆心。

(5) 圆筒形拉深件压力机的选择

由于该制件为小型制件,大批量生产,且精度要求不高,因此选用开式可倾压力机,它具有工作台面三面敞开、操作方便、成本低廉的优点。根据总压力选择压力机,前面已经算得压力机的公称压力为 202.47 kN,选取压力机的型号为 J23 – 16F。

5.3.5 圆筒形拉深件拉深模工作部分的尺寸计算

因为该工件第一套模具为落料拉深复合模,所以需要进行落料部分的设计和计算。

1. 圆筒形拉深件落料刃口尺寸的计算

刃口尺寸按凹模实际尺寸配作,因此凸模尺寸为凹模尺寸减去最小间隙,同时保证单边间隙 $Z_{min}/2$。

由式(3 – 12)确定 $Z_{max} = 0.042$ mm,$Z_{min} = 0.03$。因此模具单边间隙为

$$C = Z_{min}/2 = 0.015 \text{ mm}$$

同时由第 3 章表 3 – 5 查得磨损系数 $x = 0.5$,因为尺寸公差为 IT14,则公差为 $\Delta = 0.4$ mm。

由式(3 – 18)求得落料凹模的尺寸为 $129.8_{0}^{+0.1}$ mm。

2. 圆筒形拉深件模具整体结构尺寸的确定

(1)整体落料凹模板的厚度 H

由公式计算得到凹模的厚度 $H = 52.35$ mm。

(2)整体落料凹模板的长度 L

C 的取值范围在 $28 \sim 36$ mm,根据要求 C 值取 30 mm。

由公式得

$$L = D + 2C$$
$$L = (130 + 2 \times 30) \text{ mm} = 190 \text{ mm}$$

故确定落料凹模板外形尺寸为:190 mm × 190 mm × 52 mm。凸模板尺寸按配作法计算。该模具其他零件外形尺寸见表 5 – 16。

表 5 – 16 其他零部件外形尺寸

序 号	名 称	外形尺寸(长×宽×厚)/mm	材 料	数 量
1	上垫板	190×190×40	T8A	1
2	拉深凸模固定板	190×190×48	45 钢	1
3	上垫板	190×190×46	T8A	1
4	卸料板	190×190×44	45 钢	1
5	凸凹模固定板	190×190×50	45 钢	1
6	下垫板	190×190×40	T8A	1
7	压边圈	190×190×60	45 钢	1

(3)首次拉深和二次拉深凸、凹模的结构尺寸

1)第一次拉深。

(a)拉深凸模。第一次拉深模,由于其毛坯尺寸与公差没有必要予以严格的限制,这时凸

模和凹模尺寸只要取等于毛坯的过渡尺寸即可,以凸模为基准,取公差等级为 IT10,$\Delta =$ 0.12 mm。求得

$$d_p = 69_{-0.12}^{0} \text{ mm}, \quad d_d = 69.03_{0}^{+0.12} \text{ mm}$$

拉深凸模采用台阶式,也是采用车床加工,与凸模固定板的配合按 H7/m6 的配合,拉深凸模结构如图 5-28 所示。

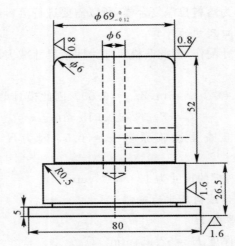

图 5-28 首次拉深拉深凸模的结构

(b)凸凹模。结合工件外形并考虑加工,将凸凹模设计成带肩台阶式圆凸凹模,一方面加工简单,另一方面又便于装配与更换,采用车床加工,与凸凹模固定板的配合按 H7/m6,凸凹模长度 $L=99$ mm,具体结构如图 5-29 所示。

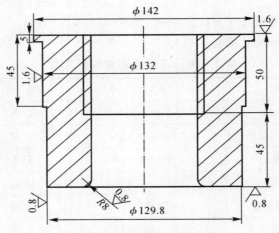

图 5-29 首次拉深凸凹模结构

(c)落料凹模。凹模采用整体凹模,各冲裁的凹模孔均采用线切割机床加工,安排凹模在模架上的位置时,要依据计算压力中心的数据,将压力中心与模柄中心重合。凹模的轮廓尺寸应要保证凹模有足够的强度与刚度,凹模板的厚度还应考虑修磨量,根据冲裁件的厚度和冲裁件的最大外形尺寸要求,在标准中选取凹模板的各尺寸为:长 230 mm,宽 190 mm。因考虑到

整套模具的整体布置要求,选其厚度为 52 mm,结构如图 5-30 所示。

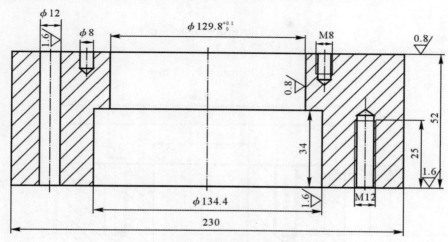

图 5-30 首次拉深落料凹模的结构

2)第二次拉深模。

(a)凸模。根据工件外形并考虑加工,将凸模设计成带肩台阶式圆凸凹模,一方面加工简单,另一方面又便于装配与修模,采用车床加工,与凸模固定板的配合按 H7/m6。因此,凸模长度 $L=181.8$ mm。具体结构如图 5-31 所示。

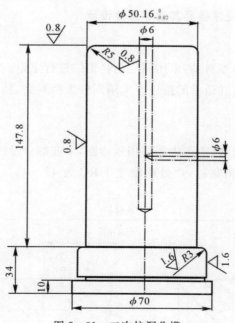

图 5-31 二次拉深凸模

(b)凹模。凹模采用整体凹模,各冲裁的凹模孔均采用线切割机床加工,安排凹模在模架上的位置时,要依据计算压力中心的数据,将压力中心与模柄中心重合。取凹模轮廓尺寸为 $\phi 160$ mm$\times 73.8$ mm,结构如图 5-32 所示。

当工件要求内形尺寸时,

凸模尺寸:

$$d_p = 50.160 \text{ mm} - 0.02 \text{ mm}$$

凹模尺寸:

$$d_d = 50.190 \text{ mm} + 0.03 \text{ mm}$$

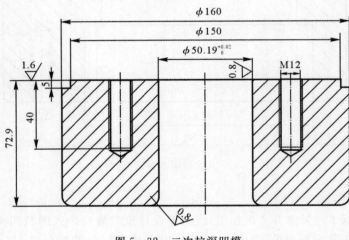

图 5-32　二次拉深凹模

5.3.6　圆筒形拉深件拉深模具其他零部件设计

1. 固定挡料销的设计

落料凹模上部设置固定挡料销,采用固定挡料销的进行定距。挡料装置在复合模中,主要作用是保持冲件轮廓的完整和适量的搭边。采用圆柱头挡料销,挡料销采用 H7/r6 安装在落料凹模端面上。

2. 压边圈的设计

为了防止拉深过程中起皱,生产中要采用压边圈,由前部分设计可知两次拉深均需要采用压边装置。压边圈采用 45 钢制造,热处理硬度 HRC 为 42~45。首次拉深压边圈结构如图 5-33 所示。

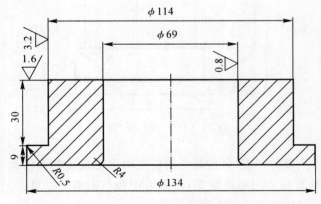

图 5-33　首次拉深压边圈

二次拉深时压边圈结构与尺寸根据标准选取,压边圈圆角半径 r 应比上次拉深凸模的相应圆角半径大 0.5～1 mm,以便将工序件套在压边圈上。材料采用 45 钢,热处理硬度 HRC 为 42～45。其结构如图 5-34 所示。

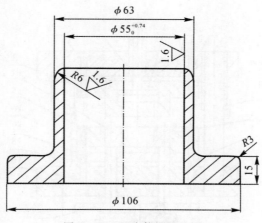

图 5-34　二次拉深压边圈

3. 模架的选择

落料拉深复合模架与二次拉深模架均采用滑动导向后侧导柱式模架,带有导柱的冲模适合于精度要求较高、生产批量较大的冲压件的生产加工,后侧导柱的导向方式可从左右和前后两个方向进行送料。

4. 弹性元件的选择

落料拉深复合模选用橡皮作为弹性元件。橡皮一般为聚氨酯橡胶,因为它允许承受的载荷较弹簧大,并且安装调理方便。因为聚氨酯橡胶的总压缩量一般不大于 35%,所以取总压缩量为 30%,而聚氨胶的高度根据 $h = 0.3 \times H$ 计算。其中 h 为压边圈运行的高度,$h = 60$ mm,则橡胶的高度 $H = 60$ mm/0.3 = 200 mm。选取三块同样的橡胶,中间加上钢垫圈,防止失稳弯曲。

二次拉深模以弹簧作为弹性元件。选用圆柱螺旋弹簧,弹簧直径为 10 mm,中径为 75 mm,节距为 $t = 26.5$ mm,工作极限负荷 $F_j = 3\,500$ N,变形量 $L_j = 111$ mm,有效圈数为 7.5 圈。

5.3.7　模具装配图

根据以上的计算结果绘制出图 5-35 和图 5-36 两套模具装配图,其中图 5-35 为落料拉深复合模。整个加工过程中,先由落料凹模 15 和落料拉深凸凹模 12 完成落料;紧接着由拉深凸模 14 和落料拉深凸凹模 12 进行第一次拉深成形。推杆 16 推动顶件块既起压料作用又起顶件作用。由推件块 9 将留在拉深凹模内的拉深件推出完成首次拉深。图 5-36 为第二次拉深模具装配图,该模具为倒装拉深模。

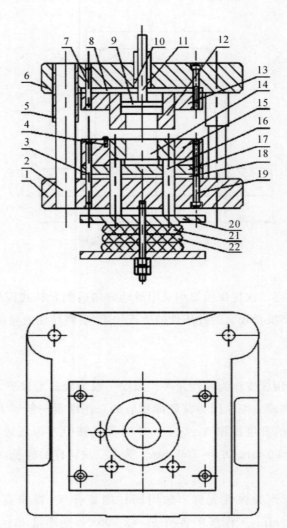

1—下模座； 2—导柱； 3—定位销； 4—挡料销； 5—导套； 6—上模座； 7—销钉； 8—垫板；
9—推件块； 10—模柄； 11—打杆； 12—凸凹模； 13—凸凹模固定板； 14—拉深凸模； 15—凹模；
16—推杆； 17—凸模固定板； 18—垫板； 19—螺钉； 20—推杆固定板； 21—连接杆； 22—橡胶

图 5-35　圆筒形拉深件落料拉深复合模

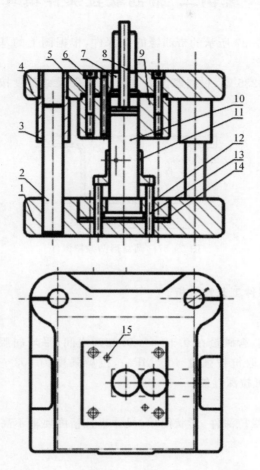

1—下模座；　2—导柱；　3—导套；　4—上模座；　5—凹模垫板；　6—螺钉；　7—模柄；　8—打杆；
9—凹模；　10—拉深凸模；　11—压边圈；　12—凸模固定板；　13—推杆；　14—垫板；　15—定位销

图 5-36　圆筒形拉深件第二次拉深模具

落料拉深复合模视频请扫描以下二维码。

落料拉深复合模
UG 设计视频 1

落料拉深复合模
UG 设计视频 2

5.4 案例二:带凸缘拉深件模具设计

案例任务:生产图 5-37 所示的带凸缘的拉深件,根据图上的基本尺寸,选择合适的生产加工方法进行大批量生产。

制件描述:材料为 Q235 钢,材料厚度为 1 mm,制件尺寸精度按图纸要求,生产批量为大批量生产。

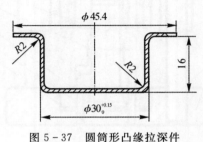

图 5-37 圆筒形凸缘拉深件

5.4.1 带凸缘拉深件工艺性分析

1.材料分析

Q235 钢是普通碳钢,含碳量在 0.12%~0.22% 之间,平均屈服极限为 235 MPa,抗拉强度为 375~460 MPa(现取抗拉强度 400 MPa),抗剪强度为 303~372 MPa(现取抗剪强度 350 MPa),具有较好的可拉深性能。

2.零件结构分析

该制件为筒形带凸缘拉深件,形状简单,尺寸小且精度要求不高,属于普通拉深件,由落料和拉深即可成形。

3.尺寸精度分析

材料厚度为 1 mm,制件图上所有未注公差的尺寸,属于自由尺寸,可按 IT13 级确定工件尺寸的公差。

5.4.2 带凸缘拉深件主要参数的计算

1.计算毛坯直径 D

根据制件图

$$D_0 = 45.4 \text{ mm}, \quad d_0 = 30 \text{ mm}$$
$$h = 16 \text{ mm}, \quad t = 1 \text{ mm}$$
$$d = d_0 - 1 \text{ mm} = 30 \text{ mm} - 1 \text{ mm} = 29 \text{ mm}$$

查表 5-6 得,有凸缘拉深件的修边余量 $\Delta = 2$ mm。

故带切边余量的拉深件凸缘直径为

$$d_f = (45.4 + 2 \times 2) \text{ mm} = 49.4 \text{ mm}$$
$$D_f/d = 49.4/29 = 1.7 > 1.4(\text{该件为宽凸缘})$$
$$D = \sqrt{d_f^2 + 4dh - 3.44rd} = 64 \text{ mm}$$

2. 拉深次数的确定

相对厚度

$$t/D \times 100 = 1/64 \times 100 = 1.56$$

凸缘的相对直径

$$d_d/d = 49.4/29 = 1.70$$

根据相对厚度和凸缘相对直径,由带凸缘圆筒形拉深件首次拉深极限拉深系数表查得,极限拉深系数为 0.45。

拉深系数

$$m = d/D = 29/64 = 0.453 \geqslant 0.45$$

再根据相对厚度和凸缘相对直径,由带凸缘圆筒形拉深件首次拉深的极限相对高度表查得,极限相对高度的取值为 $0.48 \sim 0.58$。而计算相对高度为 $h/d = 16/29 = 0.552$,在 $0.48 \sim 0.58$ 范围内,故能一次拉深成形。

由此确定加工方案,落料拉深一次成型,设计模具为落料拉深复合模。

3. 落料凸、凹模尺寸

落料时,零件的基本尺寸为 $D = 64$ mm,此处没有零件公差,其值按公差等级取 IT13,查得,零件公差 $\Delta = 0.46$。

落料坯料的材料为 Q235 钢,厚度 t 为 1 mm,由式(3-12)确定:

最小间隙

$$Z_{min} = 0.1 \text{ mm}$$

最大间隙

$$Z_{min} = 0.14 \text{ mm}。$$

所要落料的零件为圆形件,制造公差查第 3 章表 3-4 得:

凸模制造公差

$$\delta_p = 0.02 \text{ mm}$$

凹模制造公差

$$\delta_d = 0.03 \text{ mm}$$

$Z_{max} - Z_{min} = 0.04$,而 $|\delta_p| + |\delta_d| = 0.05 > 0.04$,不符合要求,故:

$$\delta_p = 0.04 \times (Z_{max} - Z_{min}) = 0.016 \text{ mm}$$

$$\delta_d = 0.06 \times (Z_{max} - Z_{min}) = 0.024 \text{ mm}$$

磨损系数查第 3 章表 3-5 得,$x = 0.5$。

由第 3 章式(3-18)和式(3-19)得:凹模直径为 $63.77^{+0.024}_{0}$ mm;凸模直径为 $63.67^{0}_{-0.016}$ mm。

4. 拉深凸、凹模尺寸

由制件图的参数可知:公差 $\Delta = 0.15$,查表 3-4 得凸模制造公差 $\delta_p = 0.04$,凹模制造公差 $\delta_d = 0.07$。

有压边圈时凸凹模间隙值按表 5-14 中公式计算,得 $Z = 2.2$ mm。

因此,凹模直径和凸模直径按式(5-23)和式(5-24)计算,得

$$d_d = 29.89^{+0.07}_{0}, \quad d_p = 27.69^{0}_{-0.04}$$

5.拉深凸、凹模圆角

由于是一次拉深成形,凸模圆角等于零件内圆半径,拉深凸模圆角 $r_p=2$ mm。

凹模圆角由式(5-9)计算,得 $r_d=4.7$ mm。

6.落料凹模板的厚度的确定

凹模厚度由第3章式(3-26)计算,得:$H=15.94$ mm。

凹模侧壁厚由公式 $C=2H$ 计算得:$C=2\times15.94$ mm$=31.88$ mm。

7.凸凹模长度

凸凹模的长度也就是落料凸模的长度,按第3章式(3-24)计算,得

$$L=h_1+h_2+h_3+(10\sim20)\text{ mm}=42.6\text{ mm}$$

8.冲孔凸模长度

冲孔凸模长度等于落料凹模的厚度,取 15.94 mm。

5.4.3 带凸缘拉深件相关力的计算

1.落料力的计算

由第3章式(3-3)得:$F=1.3Lt\tau=9.2$ kN。

2.卸料力和顶件力的计算

查第3章表3-3得:$K_卸=0.04$;$K_顶=0.06$。

由第3章式(3-5)和式(3-6)得:$F_顶=552$ N,$F_卸=368$ N。

3.压边力及压边装置的确定

(1)压边力

相对厚度 $t/D\times100=1/64\times100=1.56$。

拉深系数 $m=d/D=29/64=0.453$。

由表5-10查得该拉深需要用到压边圈。

由表5-12压边力的计算公式得 $F_压=5.19$ kN。

(2)压边圈尺寸

压边圈内径

$$d_内=(0.02\sim0.20)\text{ mm}+d_p$$

压边圈外径

$$d_外=D-(0.03\sim0.08)\text{ mm}$$

式中:d_p——拉深凸模外径;

D——拉深前半成品工件内径。

计算得到:压边圈内径为 27.71 mm;压边圈内径为 29.97 mm。

4.拉深力的计算

由拉深力的计算公式[式(5-14)],得 $F_拉=36.424$ kN。

5.4.4 带凸缘拉深件的排样图和裁板方案

1.制件的形式

制件的毛坯为简单的圆形件,而且尺寸比较小,考虑到操作方便,宜采用单排。由于料厚 $t=1.0$ mm,轧制薄钢板拟选用规格为 1.0 mm$\times$150 mm$\times$800 mm 的板料。

2.排样设计

两工件间的横搭边 $a_1 = 1.0$ mm;两工件间的纵搭边 $a = 1.0$ mm;步距 $S = 65$ mm;条料宽度 $B = 66.06$ mm。

5.4.5 带凸缘拉深件模架的选择

采用滑动导向后侧导柱式模架的导向方式,模架的结构与尺寸都直接由标准中选取,规格:250 mm×250 mm×50 mm。

5.4.6 模具装配图

模具结构图如图 5-38 所示,该模具为带有凸缘的落料拉深复合模。整个加工过程中,先由落料凹模 2 和落料拉深凸凹模 5 完成落料;紧接着由拉深凸模 13 和落料拉深凸凹模 5 进行带凸缘的拉深。压边圈 14 即起压料作用又起顶件作用。由于有顶件作用,上模回程时,冲件可能留在拉深凹模内,因此设置推件块 11 进行推件。模具装配时,应使拉深凸模 13 的顶端面比落料凹模 2 上平面低约 1.5 倍料厚的距离,才能保证先落料、后拉深。

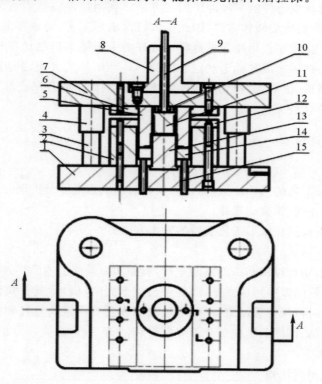

1—下模座; 2—落料凹模; 3—导柱; 4—导套; 5—落料拉深凸凹模; 6—凸凹模固定板; 7—上模座;
8—模柄; 9—打料杆; 10—定距垫块; 11—推件块; 12—固定卸料板; 13—拉深凸模; 14—压边圈; 15—顶料杆

图 5-38 带凸缘落料拉深复合模

带凸缘落料拉深复合模视频请扫描以下二维码。

带凸缘落料 带凸缘落料 带凸缘落料 带凸缘落料 带凸缘落料
拉深复合模 拉深复合模 拉深复合模 拉深复合模 拉深复合模
UG 设计视频 1 UG 设计视频 2 UG 设计视频 3 UG 设计视频 4 UG 设计视频 5

5.5 任务一：拉深成形工艺的认知

5.5.1 任务的引入

拉深是利用拉深模具将冲裁好的平板毛坯压制成各种开口的空心件,或将已制成的开口空心件加工成其他形状空心件的一种冲压加工方法。利用拉深成形方法可以制得筒形、阶梯形、球形、锥形、抛物线型等旋转体零件,因此了解拉深成形工艺,对成形开口空心零件和设计拉深模具意义重大。拉深是利用拉深模具将冲裁好的平板毛坯压制成各种开口的空心件,或将已制成的开口空心件加工成其他形状空心件的一种冲压加工方法,利用拉深成形方法可以制得筒形、阶梯形、球形、锥形、抛物线形等旋转体零件,因此了解拉深成形工艺,对成形开口空心零件和设计拉深模具意义重大。

5.5.2 任务的计划

1. 读识任务

1)建立板料拉深工艺的感性认识,深化对板料拉深成形规律与机理的理解;

2)掌握拉深成形时金属流动规律;

3)学习并掌握板料拉深成形工艺实验的操作方法。

2. 必备知识

拉深成形过程中随着拉深凸模的不断下行,留在凹模端面上的毛坯外径不断缩小,毛坯逐渐被拉进凸、凹模间的间隙中形成直壁,而处于凸模下面的材料则成为拉深件的底,当板料全部进入凸、凹模间隙时拉深过程结束,平面毛坯就变成具有一定的直径和高度的中空形零件。与冲裁模相比,拉深凸、凹模的工作部分不应有锋利的刃口,应具有一定的圆角,凸、凹模间的单边间隙稍大于料厚。

(1)金属流动规律的认知

拉深前在毛坯上画一些由等间距的同心圆和等角度的辐射线组成的网格,然后进行拉深,通过比较拉深前后网格的变化来了解材料的流动情况。

拉深后筒底部的网格变化不明显,而侧壁上的网格变化很大,拉深前等间距的同心圆,拉深后变成了与筒底平行的不等距离的水平圆周线,愈到口部圆周线的间距愈大。

拉深前等角度的辐射线拉深后变成了等距离、相互平行且垂直于底部的平行线;原来的扇形网格拉深后在工件侧壁变成了等宽度的矩形,离底部愈远,矩形的高度愈大。测量此时工件的高度,发现筒壁高度大于环形部分的半径差。这说明材料沿高度方向产生了塑形流动。

(2)拉深件质量的分析

拉深过程中的质量问题主要是凸缘变形区的起皱和筒壁传力区的拉裂。

起皱是指拉深过程中,毛坯法兰部分承受的切向压应力超过了临界压应力,产生塑性失稳,在毛坯边缘沿切向形成高低不平的皱纹。

在圆角靠上的部位,在拉深过程中变薄现象最为严重,是拉深件强度最为薄弱的位置,若此处承受应力过大,则容易产生变薄超差,甚至断裂。

3.任务材料、工具及设备的准备

设备:曲柄压力机。

工具:拉深模具一副、钢板尺、万能量角仪、固定冲模的工具。

材料:08钢,厚度为0.5 mm。

5.5.3 任务的实施

1)熟悉模具结构及数控冲床的操作程序;

2)对坯料进行网格划分;

3)完成拉深单工序冲压成形工艺实验;

4)测量网格尺寸分析流动规律;

5)分析拉深件质量。

5.5.4 任务的思考

1)描述拉深件拉深时金属流动特征。

2)分析拉深件的质量。

5.5.5 总结和评价

针对不同材料、不同拉深系数、不同拉深件参数下的拉深成形工艺引导学生分组讨论和总结,并进行相互评价,教师在适当情形下进行点评。

5.6 任务二:无凸缘圆筒形支座拉深模具设计

拉深出如图 5-39 所示的圆筒形支座零件。该材料为 10 钢,板料厚度 $t=0.5$ mm,手工送料,大批量生产,标注公差 IT14,无起皱,无裂纹。

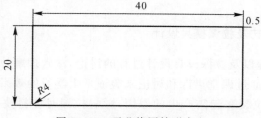

图 5-39 无凸缘圆筒形支座

5.6.1　任务的要求

根据以上图形资料设计一套无凸缘拉深模具,要求完成:

1)模具装配图 1 张(A1)。

2)主要工作零件的零件图 4~5 张(A3~A4)。

3)设计计算说明书 1 份。

5.6.2　任务的实施

1)按小组分配,每小组五名学生,分别完成不同任务,最终汇总完成所有设计任务。

2)任务分配:

任务 1:无凸缘圆筒形支座拉深工艺性分析(由小组成员共同完成)。

任务 2:无凸缘圆筒形支座拉深工艺方案的确定(由小组指定一名成员完成)。

任务 3:拉深工艺计算(由小组指定一名成员完成)。

任务 4:拉深工序尺寸计算(由小组指定一名成员完成)。

任务 5:拉深力、压边力的计算(由小组指定一名成员完成)。

任务 6:压力机的选择(由小组指定一名成员完成)。

任务 7:拉深凸、凹模的设计(由小组成员分工完成)。

任务 8:模具其他零部件的设计(由小组成员分工完成)。

任务 9:模具装配图、零件图及说明书的绘制与书写(由小组成员分工完成)。

5.6.3　任务阶段汇报

本项目按任务分工分成四个阶段完成,每完成一个阶段都要在课堂上就任务完成的情况进行汇报,给出相应成绩和评价意见。任务阶段如下:

第一阶段,每小组对产品进行工艺性分析,确定合理工艺方案进行汇报。

第二阶段,每小组对完成相关计算的情况(包括拉深工艺计算、拉深工序尺寸计算、拉深力、压边力计算与压力机的选择)进行汇报。

第三阶段,每小组完成模具零部件设计的情况(包括凸、凹模零部件结构形式的确定及其计算、模具其他零部件的设计)进行汇报。

第四阶段,每小组对模具总装草图、正式装配图及模具零件图的绘制,设计说明书的情况进行汇报。

5.7　讨论与大作业

5.7.1　讨论拉深工艺及拉深模具设计

通过对拉深工艺过程以及拉深模具设计过程的讨论,深入理解拉深成形工艺,以及拉深模具设计的要点、难点等。通过课堂讲课和讨论来验证学生学习的效果。讨论问题如下:

1)讨论拉深过程中拉裂和起皱产生的原因,影响拉深时坯料拉裂、起皱的主要因素是什么,防止拉裂、起皱的方法有哪些。

2)讨论拉深系数的大小对拉深有什么影响,影响极限拉深系数的因素有哪些。

3)讨论怎样判断拉深件能否一次拉深成形,为什么有些拉深件要二次或多次拉深才能成形,拉深次数应如何确定。

4)讨论一下为什么在拉深模具中要使用压边圈,采用压边圈的条件是什么。

5.7.2　拉深工艺及拉深模具设计训练

计算图 5-40 所示拉深件的毛坯尺寸、拉深次数及半成品尺寸,并绘出拉深工序图,求出每道工序的拉深力、压边力,以及模具基本尺寸,并列出拉深工艺,填写冲压工艺卡。

材料为 10 钢。

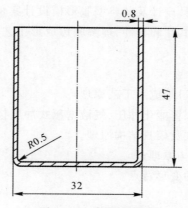

图 5-40　拉深制件图

第6章 其他冲压成形工艺

在掌握冲裁、弯曲、拉深工艺与模具设计的基础之上,本章介绍其他成形工艺方法,包括胀形、翻边、缩口、扩口、复合冲压、微细冲压、智能化冲压、气液增压式冲压技术、绿色冲压等成型工艺。本章内容包含这些冲压成形工艺的基础知识、基本理论、部分成形工艺方法的工艺性分析、工艺方案确定、工艺计算、模具设计及其典型胀形模设计案例等。为了强化学生学习的效果,使其了解冲压成形各工序的共性和异性、理解胀形成形工艺及其模具特点,本章最后给出胀形模具设计的训练任务。

知识目标:
1)了解胀形、翻边、缩口、扩口等成形工艺原理;
2)了解复合冲压、微细冲压、智能化冲压、气液增压式冲压技术、绿色冲压等新成形工艺;
3)掌握常见的几种胀形方式及模具结构原理;
4)掌握缩口、扩口模具的结构原理;
5)掌握翻边的种类及各自的变形特点。

能力目标:
1)学会胀形、翻边、缩口等成形的工艺计算;
2)能够看懂胀形、翻边、缩口等模具的结构图。

6.1 胀形工艺及模具设计基础

6.1.1 胀形变形特点

1.胀形变形过程分析

胀形是利用模具迫使板料厚度减薄和表面积增大,以获取零件几何形状和尺寸的冲压成形方法。胀形与其他冲压成形工序的主要不同之处是,胀形时变形区在板面方向呈双向拉应力状态,在板厚方向上是减薄变形,即厚度减薄而表面积增加。图 6-1 和图 6-2 为球头凸模胀形平板毛坯时的胀形变形区及其主应力和主应变图。图中黑色部分表示胀形变形区。

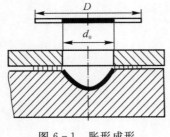

图 6-1 胀形成形

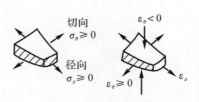

图 6-2 胀形时的应力

2. 胀形变形特点分析

1) 在胀形的变形区内,切向应力 $\sigma_\theta \geqslant 0$,径向应力 $\sigma_\rho \geqslant 0$,切向应变 $\varepsilon_\theta \geqslant 0$,径向应变 $\varepsilon_\rho > 0$,厚向应变 $\varepsilon_t < 0$,且在球头凸模胀形时的底部 $\sigma_\theta = \sigma_\rho$,$\varepsilon_\theta = \varepsilon_\rho = 0.5|\varepsilon_t|$。因此,胀形变形在板面方向为双向拉伸应力状态(板厚方向的应力忽略不计),变形主要是由材料厚度方向的减薄量支持板面方向的伸长量而完成的,变形后材料厚度减薄而表面积增大。

2) 胀形变形时,毛坯受到较大压边力的作用,或毛坯的外径超过凹模孔直径的 3～4 倍,使塑性变形仅局限于一个固定的范围,板料不向变形区外转移,也不从变形区外进入变形区。

3) 由于胀形变形时材料在板面方向处于双向受拉的应力状态,所以变形中不易产生失稳起皱现象,成品零件表面光滑、质量好。成形极限主要受拉伸破裂的限制。

4) 由于毛坯的厚度相对于毛坯的外形尺寸极小,胀形变形时拉应力沿板厚方向的变化很小,因此胀形力卸除后回弹小,工件的几何形状容易固定,尺寸精度容易保证。对汽车覆盖件等较大曲率半径零件的成形和有些零件的冲压校形,常采用胀形方法或加大其胀形成分的成形方法。

6.1.2　胀形工艺分析

1. 胀形的极限变形程度分析

胀形的极限变形程度是零件在胀形时不产生破裂所能达到的最大变形。各种胀形的成形极限的表示方法,因不同的变形区分布及模具结构、工件形状、润滑条件、材料性能等因素的影响而各不相同。如管形毛坯胀形时常用胀形系数表示成形极限,压凹坑等纯胀形时常用胀形深度表示成形极限。胀形系数、胀形深度等是以材料发生破裂时试样的某些总体尺寸达到的极限值来表示的,是近似表示方法。

胀形的极限变形程度主要取决于材料的塑性和变形的均匀性。塑性好,成形极限可提高;应变硬化指数 n 值大,可促使变形均匀,成形极限也可提高;润滑、制件的几何形状、模具结构等可以使胀形变形均匀的因素,均能提高成形极限。如平板毛坯的局部胀形,同等条件下圆形比方形或其他形状的胀形高度值要大。此外,材料的厚度增加也可以使成形极限提高。

2. 胀形工艺分类

胀形的种类可以从坯料形状、坯料所处状态、所用模具、所用能源、成形方式等角度做出区分,其中最基本的是按变形区所占比例划分为局部胀形、整体胀形,最常用的是平板坯料局部胀形和空心坯料胀形。

(1) 平板坯料局部胀形

平板坯料局部胀形又叫起伏成形,它是依靠平板材料的局部拉伸,使坯料或制件局部表面积增大,形成局部的下凹或凸起。生产中常见的有压花、压包、压字、压筋等(见图 6-3)。

起伏成形的极限变形程度由许可的拉伸变薄量决定。由宽凸缘圆筒形零件的拉深可知,当毛坯的外径超过凹模孔直径的 3～4 倍时,拉深就变成了胀形。平板毛坯起伏成形时的局部凹坑或凸台,主要是由凸模接触区内的材料在双向拉应力作用下的变薄来实现的。起伏成形的极限变形程度多用胀形深度表示,也可以近似地按单向拉伸变形处理,即

$$\varepsilon = \frac{l - l_0}{l_0} \leqslant (0.7 \sim 0.75)\delta \qquad (6-1)$$

式中: ε——极限变形程度;

δ—— 材料单向拉伸的伸长率；

l_0—— 起伏成形前材料的长度；

l—— 起伏成形后制件轮廓的长度。

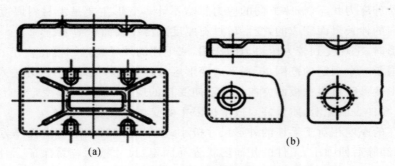

图 6-3　局部胀形

(a)加强筋；　(b)局部凹坑

(2)空心坯料胀形

空心坯料胀形是将空心件或管状坯料胀出所需曲面的一种加工方法。用这种方法可以成形高压气瓶、球形容器、波纹管、自行车多通接头等产品或零件。

图 6-4 和图 6-5 分别为刚体分瓣凸模胀形和橡胶软模胀形的示意图。

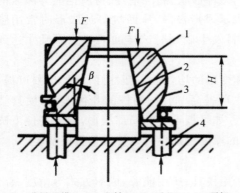

1—分瓣凸模；　2—芯轴；　3—毛坯；　4—顶杆

图 6-4　刚体分瓣凸模胀形

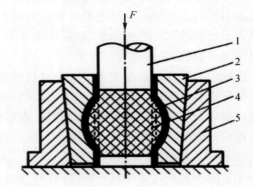

1—凸模；　2—凹模；　3—毛坯；　4—橡胶；　5—外壳

图 6-5　橡胶软模胀形

6.1.3　胀形工艺计算

1.胀形件坯料尺寸的计算

(1)底部压凹坑的计算

1)压加强筋。常见的加强筋形式和尺寸见表 6-1。加强筋的结构比较复杂，所以成形极限多用总体尺寸表示。当加强筋与边框距离小于$(3\sim3.5)t$时，由于成形过程中边缘材料要向内收缩，成形后需增加切边工序，因此应留切边余量。多凹坑胀形时，还要考虑到凹坑之间的影响。用刚性凸模压制加强筋的变形力按下式计算：

$$F = KLt\sigma_b \tag{6-2}$$

式中：K—— 系数，$K = 0.7 \sim 1$,加强筋形状窄而深时取大值，宽而浅时取小值；

— 178 —

L—— 加强筋的周长,mm。

表 6-1　加强筋的形式和尺寸

简　图	R	h	r	B 或 D	α
	$(3\sim4)t$	$(2\sim3)t$	$(1\sim2)t$	$(7\sim10)t$	
	$(1.5\sim2)t$	$(0.5\sim1.5)t$	$\geqslant3h$	$15°\sim30°$

在曲柄压力机上用薄料($t<1.5\ \mathrm{mm}$)对小工件(面积小于 2 000 mm²)压筋或压筋兼有校形工序时的变形力按下式计算:

$$F=KAt^2 \tag{6-3}$$

式中:A——成形面积,mm²;

　　K——系数,钢取 200~300 N/mm⁴,铜、铝取 150~200 N/mm⁴。

2)压凸包。若毛坯直径 D 和凸模直径 d 的比值小于 4,成形时凸缘会收缩,属于拉深成形;若大于 4,则凸缘在成形时不会收缩,属于胀形。局部冲压凸包(见图 6-6)的许用成形高度见表 6-2。

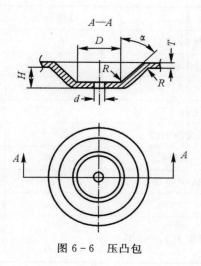

图 6-6　压凸包

表 6-2 局部冲压凸包的许用成形高度

简 图	材 料	许用成形高度 h
	软钢	$\leqslant(0.15\sim0.20)d$
	铝	$\leqslant(0.10\sim0.15)d$
	黄铜	$\leqslant(0.15\sim0.22)d$

若工件底部允许有孔,可以预先冲出小孔,使其底部中心部分材料在胀形过程中易于向外流动,以达到提高成形极限的目的,利于达到胀形要求。

2.胀形的压力计算

(1)极限胀形系数

空心毛坯胀形的极限变形程度用下式表示:

$$K_{\max}=\frac{d_{\max}}{d_0} \tag{6-4}$$

式中:$K_{\max}$—— 极限胀形系数;

d_0—— 毛坯直径;

$d_{\max}$—— 胀形后工件的最大直径。

极限胀形系数与工件切向延伸率的关系式为

$$\delta=\frac{\pi d_{\max}-\pi d_0}{\pi d_0}=K_{\max}-1 \tag{6-5}$$

或

$$K_{\max}=1+\delta \tag{6-6}$$

表 6-3 是一些材料的极限胀形系数和切向许用延伸率 $\delta_{\theta p}$ 的实验值。如采用轴向加压或对变形区局部加热等辅助措施,还可以提高极限变形程度。

表 6-3 极限胀形系数和切向许用延伸率

极限胀形系数	材 料	厚度/mm	切向许用延伸率 $\delta_{\theta p}\times100$
1.28	纯铝 L1,L2	1.0	28
1.32	L3,L4	1.5	32
1.32	L5,L6	2.0	32
1.25	铝合金 LF21 M	0.5	25
1.35	黄铜 H62	0.5~1.0	35
1.40	H68	1.5~2.0	40
1.20	低碳钢 08F	0.5	20
1.24	10,20	1.0	24
1.26	不锈钢 1Cr18Ni9Ti	0.5	26
1.28		1.0	28

（2）胀形力

刚模胀形所需压力的计算公式,可以根据力的平衡方程式推导得到,其表达式为

$$F = 2\pi Ht\sigma_b \frac{\mu + \tan\beta}{1 - \mu^2 - 2\mu\tan\beta} \tag{6-7}$$

式中:F—— 所需胀形压力;

　　H—— 胀形后高度;

　　t—— 材料厚度;

　　μ—— 摩擦因数,一般 $\mu = 0.15 \sim 0.20$;

　　β—— 芯轴锥角,一般 $\beta = 8°,10°,12°,15°$。

软模胀形圆柱形空心毛坯时,所需胀形压力 $F = Ap$,其中 A 为成形面积,单位压力 p 可按下式计算:

$$p = 2\sigma_b \left(\frac{t}{d_{max}} + m\frac{t}{2R} \right) \tag{6-8}$$

式中:m—— 约束系数。

当毛坯两端不固定且轴向可以自由收缩时,$m = 0$;当毛坯两端固定且轴向不可以自由收缩时,$m = 1$。

6.1.4　案例:罩盖形胀形件的模具设计

案例任务: 如图 6-7 所示罩盖,生产批量为中批量,选择合适的生产加工方法进行批量生产。

制件描述: 该制件材料为 0.5 mm 厚的 10 号钢,中批量生产,采用胀形模加工既能保证产品质量,又能满足生产效率的要求,还能降低成本。

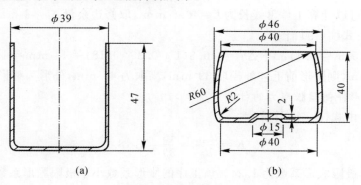

图 6-7　罩盖胀形件

(a)毛坯件;　(b)成形后的制件

1. 罩盖形胀形件胀形工艺性分析

如图 6-7 所示罩盖,生产批量为中批量,材料为 0.5 mm 的 10 号钢。采用胀形模加工既能保证产品质量,又能满足生产效率的要求,还能降低成本。因此,胀形件的工艺性如下:

1)材料:该拉深件的材料是碳素工具钢,具有较好的可胀形性能。

2)零件结构:该制件为罩盖形胀形件,故对毛坯的计算要注意。

3)单边间隙、胀形凸凹模及高度的确定应符合制件要求。

4)凸凹模的设计应保证各工序间动作稳定。

5)尺寸精度:零件图上所有未注公差的尺寸,属于自由尺寸,可按IT14级确定工件尺寸的公差。

2.罩盖形胀形件工艺方案及模具结构类型的确定

该制件是在先拉深好的圆筒坯料的基础上进行胀形工序,属于简单的单工序模生产。

3.罩盖底部压凹坑的深度确定

查表6-2得极限胀形深度 $h=0.15$ mm, $d=2.25$ mm,此值大于工件底部凹坑的实际高度,可以一次成形。

凹坑所需成形力由式(6-3)计算,即

$$F_{压凹} = KAt^2 = \left(250 \times \frac{\pi}{4} \times 15^2 \times 0.5^2\right) \text{ N} = 11\,044.69 \text{ N}$$

4.罩盖形胀形件毛坯尺寸的计算

圆柱形空心毛坯胀形时,为增加材料在周向的变形程度和减小材料的变薄,毛坯两端一般不固定,使其自由收缩。毛坯长度可按下式近似计算:

$$L_0 = L[1 + (0.3 \sim 0.4)\delta] + \Delta h \tag{6-9}$$

式中:L—— 工件的母线长度,mm;

δ—— 工件的切向延伸率;

Δh—— 修边余量,约为 $3 \sim 20$ mm。

罩盖形胀形件毛坯尺寸的确定步骤如下:

计算工件的切向延伸率:

$$\delta = \frac{\pi d_{max} - \pi d_0}{\pi d_0} = \frac{46 - 39}{39} = 0.18$$

由几何公式可以计算工件母线长为 $L=40.8$ mm,取修边余量 $\Delta h=4$ mm,则胀形前毛坯的原始长度 L_0 由式(6-9)计算:

$L_0 = L[1 + (0.3 \sim 0.4)\delta] + \Delta h = [40.8(1 + 0.3 \times 0.18) + 4]$ mm $= 47.0032$ mm

L_0 取整为 47 mm,则胀形前毛坯外径取 39 mm,高取为 47 mm,外形为杯形。

5.罩盖形胀形件侧壁胀形力的计算

胀形系数 K 由式(6-4)计算:

$$K = \frac{d_{max}}{d_0} = \frac{46}{39} = 1.18$$

查表6-3得极限胀形系数为1.24。该工序的胀形系数小于极限胀形系数,侧壁可以一次胀成形。

近似按两端不固定形式计算,其中 $m=0$,同时查得 $\sigma_b = 430$ MPa,由式(6-8)推导得

$$F_{侧胀} = Ap = \pi d_{max} L \frac{2t}{d_{max}} \sigma_b = \left(\pi \times 46 \times 40.8 \times \frac{2 \times 0.5}{46} \times 430\right) \text{ N} = 55\,116.1 \text{ N}$$

6.罩盖形胀形件总的成形力计算

罩盖形胀形件总的成形力按下式计算:

$$F = F_{压凹} + F_{侧胀} = (11\,044.69 + 55\,116.1) \text{ N} = 66.16 \text{ kN}$$

7.罩盖形胀形件模具结构设计

胀形模如图6-8所示。侧壁靠聚氨酯橡胶7胀压成形,底部靠压包凸模3和压包凹模4

成形。将模具型腔侧壁设计成胀形下模 5 和胀形上模 6 是为了便于取件。将模具型腔侧壁设计成胀形下模 5 和胀形上模 6。

胀形模采用聚氨酯橡胶进行软凸模胀形,为便于工件成形后取出,将凹模分为上、下两部分,上、下模用止口定位,单边间隙取 0.05 mm。

侧壁靠橡胶的胀形成形,底部靠压包凸、凹模成形,凹模上、下两部分在模具闭合时靠弹簧压紧。

模具闭合高度为 202 mm,所需压力约 67 kN,因此选用设备时以模具尺寸为依据,选用 250 kN 开式可倾压力机。

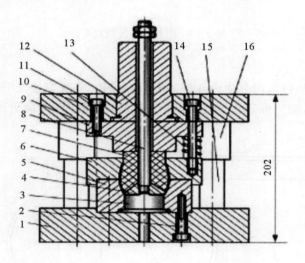

1—下模板；　2、11—螺栓；　3—压包凸模；　4—压包凹模；　5—胀形下模；　6—胀形上模；　7—聚氨酯橡胶
8—拉杆；　9—上固定板；　10—上模；　12—模柄；　13—弹簧；　14—拉杆螺栓；　15—导柱；　16—导套

图 6-8　罩盖形胀形件模具装配图

6.2　翻边与翻孔

6.2.1　翻边

翻边是将毛坯或半成品的外边缘或孔边缘沿一定的曲线翻成竖立的边缘的冲压方法。由翻边工艺制备的零件如图6-9所示。

当翻边的沿线是一条直线时,翻边变形就转变成为弯曲,所以也可以说弯曲是翻边的一种特殊形式。但弯曲时毛坯的变形仅局限于弯曲线的圆角部分,而翻边时毛坯的圆角部分和边缘部分都是变形区,所以翻边变形比弯曲变形复杂得多。用翻边方法可以加工形状较为复杂且有良好刚度的立体零件,能在冲压件上制取与其他零件装配的部位,如机车车辆的客车中墙板翻边、客车脚蹬门压铁翻边、汽车外门板翻边等。翻边可以代替某些复杂零件的拉深工序,改善材料的塑性流动以免破裂或起皱。

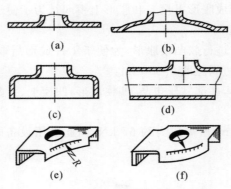

图 6-9　内孔与外缘翻边零件

1.翻边分类

按工艺特点分类,翻边可分为内孔翻边和外缘翻边,外缘翻边又分为内曲翻边和外曲翻边;按变形性质分类,翻边可分为伸长类翻边即内凹翻边和压缩类翻边即外凸翻边,如图6-10所示。

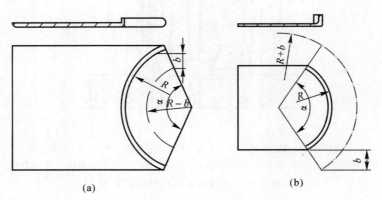

图 6-10　外缘翻边

(a)伸长类翻边即内凹翻边；　(b)压缩类翻边即外凸翻边

2.翻边的特点

伸长类翻边的特点是:变形区材料切向受拉应力,切向伸长,厚向变薄,易产生裂纹。

压缩类翻边的特点是:变形区材料切向受压应力,切向压缩,厚向变厚,易产生皱纹。

3.外缘翻边

外曲翻边时变形区的材料主要受切向拉伸应力作用,属于伸长类平面翻边,这样翻边后的竖边会变薄,其外缘部分变薄最严重,使该处在翻边过程中成为危险部位,当变形超过许用变形程度时,此处就会开裂。内曲翻边的应力应变特点类似于浅拉深,变形区主要受切向压应力的作用,属于压缩类平面翻边,材料变形区受压缩变形,因而容易失稳起皱。

（1）外曲翻边

沿不封闭的外凸曲线进行平面翻边称为外曲翻边。外曲翻边的变形程度由下式计算:

$$E_{a}=\frac{b}{R-b}\times100\%\qquad(6-10)$$

式中:E_a—— 外曲翻边的变形程度,%;

　　R—— 外曲曲率半径,mm;

　　b—— 翻边后竖边的高度,mm。

（2）内曲翻边

内曲翻边的应力与应变状态类似于浅拉深,其变形程度计算如下:

$$E_t = \frac{b}{R+b} \times 100\% \qquad (6-11)$$

式中:E_t—— 内曲翻边的变形程度,%;

　　R—— 内曲曲率半径,mm;

　　b—— 翻边后竖边的高度,mm。

翻边的极限变形程度与工件材料的塑性、翻边时边缘的表面质量及内外曲形的曲率半径等因素有关,其值可由 6-4 查得。

表 6-4　翻边的极限变形程度

材料名称	材料牌号	$E_t/(\%)$		$E_a/(\%)$	
		橡胶成形	模具成形	橡胶成形	模具成形
铝合金	1035（软）（L4M）	25	30	6	40
	1035（硬）（L4Y1）	5	8	3	12
	3A21（软）（LF21M）	23	30	6	40
	3A21（硬）（LF21Y1）	5	8	3	12
	5A02（软）（LF2M）	20	25	6	35
	5A03（硬）（LF3Y1）	5	8	3	12
	2A12（软）（LY12M）	14	20	6	30
	2A12（硬）（LY2Y）	6	8	0.5	9
	2A11（软）（LY11M）	14	20	4	30
	2A11（硬）（LY11Y）	5	6	0	0
黄铜	H62（软）	30	40	8	45
	H62（半硬）	10	14	4	16
	H68（软）	35	45	8	55
	H68（半硬）	10	14	4	16
钢	10	—	38	—	10
	120	—	22	—	10
	1Cr18Mn8Ni5N（1Cr18Ni9）（软）	—	15	—	10
	1Cr18Mn8Ni5N（1Cr18Ni9）（硬）	—	40	—	10

4. 翻边力的计算

翻边力可以用以下近似公式计算:

$$F = cLt\sigma_b \qquad (6-12)$$

式中:F—— 翻边力,N;

　　c—— 系数,可取 $c = 0.5 \sim 0.8$;

L—— 翻边部分的曲线长度,mm;

t—— 材料厚度,mm;

σ_b—— 抗拉强度,MPa。

6.2.2 翻孔

翻孔是在制件或板料上将制好的孔直接冲制出竖立边缘的成形方法。如图6-11所示,翻孔的变形区为凹模圆角区之内的环形区,其变形情况是,把板料内孔边缘向凹模洞口弯曲的同时,将内孔沿圆周方向拉长而形成竖边。从坐标网格的变化看出,不同直径的同心圆平面,变成了直径相同的柱面,厚度变薄,而同心圆之间的距离变化则不显著。因此,在通过翻孔后得到的柱面轴心线的平面内,可以将翻孔变形近似看作弯曲(但厚度变化规律不同)。

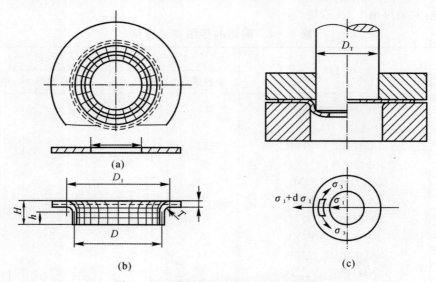

图6-11　圆孔翻边时的应力与变形情况

翻孔变形区受二向拉应力即切向拉应力 σ_θ 和径向拉应力 σ_r 的作用。切向拉应力 σ_θ 是最大主应力,在孔口处达到最大值,此值若超过材料的允许值,翻边即会破裂。因此,孔口边缘的许用变形程度决定了翻边能否顺利进行。

1. 翻孔系数

变形程度以翻孔系数 K 表示,即

$$K=\frac{d_0}{d_m} \tag{6-13}$$

式中:d_0—— 毛坯上圆孔的初始直径;

d_m—— 翻边后竖边的中径。

翻孔时的变形程度用系数 K 表示:K 值越小,竖边减薄越大,越容易产生裂纹。因此,翻孔时的成形极限受 K 值限制。保证翻孔不破裂的极限翻孔系数见表6-5。

表 6-5　圆孔翻边的极限翻孔系数

材料名称	极限翻孔系数	
	K_0	K_{0min}
白皮铁	0.70	0.65
软钢($t=0.25\sim2$ mm)	0.72	0.68
软钢($t=2\sim4$ mm)	0.78	0.75
黄铜 H62($t=0.5\sim4$ mm)	0.68	0.62
铝($\delta=0.5\sim5$ mm)	0.70	0.64
硬铝合金	0.89	0.80
钛合金 TAL(冷态)	$0.64\sim0.68$	0.55
TAS(冷态)	$0.85\sim0.90$	0.75

2. 翻孔尺寸计算

平板毛坯翻孔的尺寸如图 6-12 所示。

在平板毛坯上翻孔时,按工件中性层长度不变的原则近似计算。预制孔直径 d_0 由下式计算:

$$d_0 = D_1 - [\pi(r+t/2) + 2h] \tag{6-14}$$

其中,$D_1 = D + 2r$;$h = H - r - t$。

翻孔后的高度 H 由下式计算:

$$H = (D - d_0)/2 + 0.43r + 0.72t \tag{6-15}$$

当工件要求的高度大于最大翻孔高度时,就难以一次翻孔成形,这时应先进行拉深,在拉深件的底部预制孔,然后再进行翻孔。

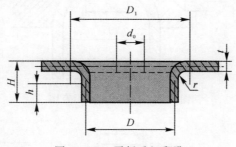

图 6-12　平板毛坯翻孔

3. 翻孔力计算

有预制孔的翻孔力由下式计算:

$$F = 1.1\pi t\sigma_s(D - d_0) \tag{6-16}$$

式中:F—— 翻孔力,N;

σ_s—— 材料屈服强度,MPa;

D—— 翻孔后中性层直径,mm;

d_0—— 预制孔直径,mm;

t—— 材料厚度，mm。

无顶冲孔的翻孔力要比有预冲孔的翻孔力大 1.3～1.7 倍。

6.3 缩 口

缩口是指利用模具将拉深所得的开口空心零件或管状零件在敞口处加压，缩小直径并改变母线形状的成形方法。

6.3.1 缩口变形特点及变形程度

1.缩口变形的特点

缩口属于压缩类成形工序，其变形区的应力应变特点如图 6-13 所示，变形区为两向压应力状态，其中切向压应力 σ_θ 的绝对值最大。σ_θ 使直径缩小，厚度和高度增加，所以切应变 ε_ρ 为压应变，径向应变 ε_ρ 和厚向应变 ε_t 为拉应变。变形区由于受到较大切向压应力的作用，易产生切向失稳而起皱，起传力作用的筒壁区由于受到轴向压应力的作用，易产生轴向失稳而起皱，所以失稳起皱是缩口工序的主要障碍。常见的缩口形式如图 6-14 所示，有斜口式、直口式和球面式三种。

为提高极限缩口变形程度，可以采用变形区局部加热的方法。此外，在缩口坯料内填充适当填充材料也可以提高极限变形程度。

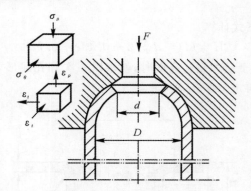

图 6-13 缩口变形示意图

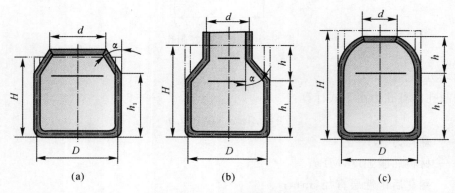

图 6-14 缩口形式
(a)斜口式； (b)直口式； (c)球面式

2．变形程度

缩口变形程度用缩口系数 m_s 表示，其表达式为

$$m_s = \frac{d}{D} \tag{6-17}$$

式中：d——缩口后的直径；

D——缩口前的直径。

缩口极限变形程度用极限缩口系数 $m_{s\,min}$ 表示，$m_{s\,min}$ 取决于对失稳条件的限制，其值大小主要与材料的机械性能、坯料厚度、模具的结构形式和坯料表面质量有关。材料的塑性好、屈强比大，允许的缩口变形程度就大（极限缩口系数 $m_{s\,min}$ 就小）。坯料越厚，抗失稳起皱的能力就越强，越有利于缩口成形。采用内支承（模芯）模具结构，口部不易起皱。合理的模角、较低的锥面粗糙度值和较好的润滑条件，可以降低缩口力，对缩口成形有利。当缩口变形所需压力大于筒壁材料失稳的临界压力时，非变形区筒壁将先失稳，这也将限制一次缩口的极限变形程度。极限缩口系数见表 6-6。

表 6-6　理论计算的极限缩口系数 $m_{s\,min}$

摩擦因数 μ	材料屈强比				
	0.5	0.6	0.7	0.8	0.9
0.1	0.72	0.69	0.65	0.62	0.55
0.25	0.80	0.75	0.71	0.68	0.65

6.3.2　缩口工艺计算

由较大直径一次缩口成较小直径，材料受压缩变形太大有可能出现起皱。此时需要多次缩口。

平均缩口系数可以取为 1.1 倍的极限缩口系数，或参见表 6-7 给出的不同材料、不同模具形式的平均缩口系数。

表 6-7　平均缩口系数

材料名称	模具形式			材料名称	模具形式		
	无支承	外部支承	内外支承		无支承	外部支承	内外支承
软钢	0.70～0.75	0.55～0.60	0.30～0.35	H68	68～0.72	0.53～0.57	
黄铜			0.27～0.32	硬铝（退火）	0.73～0.80	0.60～0.63	0.35～0.40
H62	0.65～0.700.	0.50～0.55	0.27～0.32	硬铝（淬火）	0.75～0.80	0.68～0.72	0.40～0.43

缩口次数 n 可由零件总缩口系数 m_s 与平均缩口系数 m_{si} 计算：

$$n = \frac{\lg m_s}{\lg m_{si}} \tag{6-18}$$

应该指出，一般缩口后口部直径会出现 $0.5\% \sim 0.8\%$ 的回弹。缩口毛坯尺寸可根据变形前后体积不变的原则计算。

缩口变形主要是切向压缩变形,但在长度与厚度方向上也有少量变形。其厚度可以按下式估算:

$$t = t_0 \sqrt{\frac{D_0}{d}} \qquad\qquad (6-19)$$

式中:t_0——缩口前坯料厚度;

$\quad\quad t$——缩口后坯料厚度;

$\quad\quad D_0$——缩口前坯料直径;

$\quad\quad d$——缩口后坯料直径。

6.3.3 缩口模具结构

如图 6-15(a)所示为常见的气瓶类产品,其对应的缩口模具如图 6-15(b)所示。

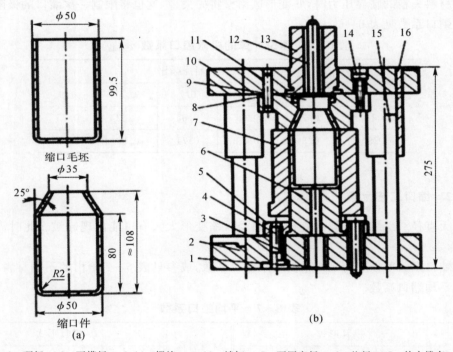

1—顶杆; 2—下模板; 3、14—螺栓; 4、11—销钉; 5—下固定板; 6—垫板; 7—外支撑套;
8—缩口凹模; 9—顶出器; 10—上模板; 12—打料杆; 13—模柄; 15—导柱; 16—导套

图 6-15 气瓶缩口模

6.4 扩　　口

扩口也称扩径,它是将管状坯料或空心坯料的口部通过扩口模加以扩大的一种成形方法。在一些较长制件中很难采用缩口或阶梯拉深的方法实现变径,采用扩口方法可以比较方便有效地解决。对于两端直径相差较大的管件也可以用直径介于两端之间坯料、一端缩口、另一端扩口的方法达到成形目的。对于一些内孔尺寸精度要求较高的管料还可采用这种方法整形,以提高内孔的精度和降低粗糙度。扩口模如图 6-16 所示。

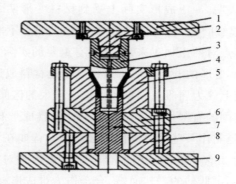

1—上模座板；　2—凸模座；　3—凸模；　4—压板；　5—凹模；
6—凹模座；　7—顶料杆；　8—垫板；　9—下模座板
图 6-16　扩口模

6.5　冲压成形加工新技术

在现有资源及环境不容乐观的形势下，冲压加工乃至整个塑性加工业等都面临着严峻挑战。减轻重量、节省材料、降低能耗、开拓创新已成为塑性加工业面临的一个极其重要的课题。不可否认，在金属加工中，冲压是成形效率和材料利用率最高的加工方式之一，其具有自己独特的优势与特点。面对严峻挑战，冲压加工正以新的姿态，向铸造、锻压、焊接和机械加工等领域开拓，已经并正在生产出许多具有时代特点的产品，展现了冲压加工广阔的应用天地。例如冲压发动机壳体、冲压摇臂、冲压摇臂座、冲压排气管、冲压焊接成形的离心泵、冲压托架、冲压焊接成形的汽车后轿壳、冲压离合器壳体、冲压变速箱壳体、冲压皮带轮等，所有这些不仅一改过去工件由铸造、焊接生产而呈现的粗笨外表，而且精度也毫不逊色于机械加工的产品，其结构合理性甚至要超过某些机械加工产品，尤其是其生产率又远非机械加工所能比拟。此外，复合冲压、微细冲压、智能化冲压、绿色冲压等高新技术又向我们展示了冲压加工极具魅力的新领域，可以说冲压加工不论从深度还是从广度上都大有作为，前景美好。

6.5.1　复合冲压

本书所涉及的复合冲压，并不是指落料、拉伸、冲孔等冲压工序的复合，而是指冲压工艺同其他加工工艺的复合，譬如说冲压与电磁成形的复合、冲压与冷锻的结合以及微细冲压等。

1.冲压与电磁成形的复合工艺

材料是人类社会进步的标志。从石器时代到青铜器时代，再到铁器时代，以至于到现在的新材料设计与制备加工工艺时代，可以说人类社会每一次飞跃性的进步都与材料和材料技术的发展密切相关。新材料的研究、开发与应用反映着一个国家的科学技术与工业化水平。包括以大规模集成电路为代表的微电子技术、以光纤通信为代表的通信技术、以核磁共振成像系统与磁悬浮技术等为典型代表的超导技术、以载人飞船或航天飞机为代表的航天航空技术等，几乎所有高新技术的发展与进步，都以新材料的发展和突破为前提。新材料技术在冲压加工中应用也是冲压加工发展的一个极其重要的方面，冲压专家历来对此十分重视。

现有的研究与实践都表明,冲压成形实际上受到材料变形两个方面的限制:一是颈缩与破裂问题,二是受压失稳起皱问题。其实质都是板材塑性成形不能稳定进行的表现。金属材料的屈服点、细颈点和破坏点对冲压加工来说,是具有重要的实际工作意义的。屈服点既是结构设计的结束点,更是塑性变形的开始点,而细颈点则是材料成形的极限。故冲压成形范围在材料拉伸应力-应变曲线上仅为屈服点到细颈点这一不大的区间,而难成形材料的这一区间就更加狭小,故冲压成形范围的有限性往往又阻碍了许多难成形材料零件的应用。这些难成形材料的一些性能往往又是制作某些重要零件所必需的。譬如在汽车覆盖件成形中,若用铝合金代替钢,可以减轻重量 30%,因而采用铝合金汽车覆盖件对减轻汽车自重非常有意义,对资源与环境的影响更是不可低估的。然而,铝合金作为难成形材料,其成形范围是极其有限的,冲压失稳使之不能正常得到应用让人们感到很无奈。现在用冲压与电磁成形复合工艺,可以很好地解决铝合金覆盖件成形难的问题。尽管其机理现在尚不太清楚,但有一点是可以肯定的,那就是电磁成形是高速成形,而高速成形不但可使铝合金成形范围得到扩展,还可以使其成形性能得到提高。

用复合冲压的方法成形铝合金覆盖件的具体方法是:先用一套凸凹模在铝合金覆盖件尖角处和难成形的轮廓处装上电磁线圈,用电磁方法予以成形,再用一对模具在压力机上成形覆盖件易成形的部分,然后将预成形件用电磁线圈进行高速变形来完成最终成形。事实证明,用这种复合成形方法可以获得用单一冲压方法难以得到的铝合金覆盖件。

最新研究表明,镁合金是一种比强度高、刚度好、电磁界面防护性能强的金属,人们对其在电子、汽车等行业中应用的前景十分看好,大有取代传统的铁合金、铝合金甚至塑胶材料的趋势。目前汽车上采用的镁合金制件有仪表底板、座椅架、发动机盖等,镁合金管类件还广泛应用于飞机、导弹和宇宙飞船等尖端工业领域。但镁合金的密排六方晶格结构决定了其在常温下无法冲压成形。现在人们研制了一种集加热与成形于一体的模具来冲压成形镁合金产品。该成形过程为:在冲床滑块下降过程中,上模与下模夹紧,对材料进行加热,然后以适当运动模式进行成形。此种方法也适用于在冲床内进行成形品的联结及各种产品的复合成形。许多难成形的材料,例如镁合金、钛合金等产品,都可用该种方法冲压成形。由于这种冲压要求冲床滑块在下降过程中具有停顿的功能,以便为材料加热提供时间,故人们研制了一种全新概念的冲床——数控曲轴式伺服马达冲床。利用该冲床还可在冲压模具内实现包括攻螺纹、铆接等工序的复合加工,从而有力地拓展了冲压加工范围,为镁合金在塑性加工业广泛应用奠定了坚实的基础。

2. 冲压与冷锻的结合工艺

一般板料冲压仅能成形等壁厚的零件,用变薄拉伸的方法最多能获得厚底薄壁零件,冲压成形局限性限制了其应用范围。而在汽车零件生产中常遇到一些薄壁但却不等厚的零件(见图 6-17),用单一的冲压与冷锻相结合的复合塑性成形方法加以成形,就很容易,因此,用冲压与冷锻相结合的方法就能扩展板料加工范围。其方法是先用冲压方法预成形,再用冷锻方法终成形。用冲压冷锻复合塑性成形,其优点为:一是原材料容易廉价采购,可以降低生产成本;二是降低单一冷锻所需的大成形力,有利于提高模具寿命。

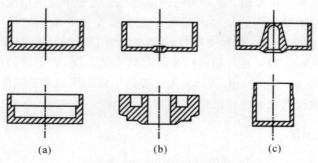

(a)　　　　　　　(b)　　　　　　　(c)

图 6-17　薄壁不等厚零件

6.5.2　微细冲压

此处所谈论的微细加工指的是微零件加工技术。微零件通常指的是至少有某一方向的尺寸小于 100 μm，相比常规的制造技术，该技术有着无可比拟的应用前景。用该技术制作的微型机器人、微型飞机、微型卫星、卫星陀螺、微型泵、微型仪器仪表、微型传感器、集成电路等，在现代科学技术许多领域都有着出色的应用。它能给许多领域带来新的拓展和突破，无疑将对我国未来的科技和国防事业有着深远的影响，对世界科技发展的推动作用也是难以估量的。譬如微型机器人可完成光导纤维的引线、黏结、对接等复杂操作和细小管道、电路的检测，还可以进行集成芯片生产、装配等，仅此就不难窥见微细加工诱人的魅力。

发达工业国家对微细加工的研究开发十分重视，投入了大量的人力、物力、财力，一些有远见的著名大学和公司也加入了这一行列，我国在这方面也做了大量的研究工作。有理由认为，在 21 世纪，微细加工一定会像微电子技术一样，给整个世界带来巨大的变化和深刻的影响。在模具工业，冲压零件的微型化及精度要求的不断提高，对模具技术提出了更高的要求，但微零件比传统的零件成形要困难得多，其理由是：

1）零件越小，表面积与体积比迅速增大；

2）工件与工具间的黏着力、表面张力等显著增大；

3）晶粒尺度的影响显著，不再是各向同性的均匀连续体；

4）工件表面存储润滑剂相对困难。

微细冲压的一个重要方面是冲小孔，譬如微型机械、微型仪器仪表中就有很多需要冲压的小孔。故研究小孔冲压应是微细冲压的一个极其重要的问题。冲小孔的研究着重于：一是如何减小冲床尺寸；二是如何增大微小凸模的强度和刚度（这方面除了涉及制作的材料及加工的技术外，最常用的便是增加微小凸模的导向及保护等）。尽管在冲小孔上需要研究的问题还很多，但目前也取得了不少可喜的成绩。有资料表明，国外已经开发的微冲压机床长 111 mm，宽 62 mm，高 170 mm，装有一个交流伺服电机，可产生 3 kN 的压力。该压力机床装有连续冲压模，能实现冲裁和弯曲等。日本东京大学利用一种技术制作了微冲压加工的冲头与冲模，利用该模具进行微细冲压，可在 50 μm 厚的聚酰胺塑料板上冲出宽为 40 μm 的非圆截面微孔。

在超薄壁金属筒形件拉深方面，清华大学有了良好的开端。超薄壁拉深技术的关键是要有高精度的成形机。他们在壁厚为 0.001～0.1 mm 的超薄壁金属圆筒成形中，研制出一台有微机控制功能的精密成形试验机,使冲头与凹模在加工过程中对中精度达到 1 μm,从而有效地解决了超薄壁拉深中易出现起皱与断裂而不能正常操作的难题。利用该机对初始壁厚为 0.3 mm 的黄铜和纯铝进行一系列变薄拉深加工,加工出内径为 16 mm、壁厚为 0.015～0.08 mm、长度为 30 mm 的一系列超薄壁金属圆筒。经检测,成形后的超薄壁筒壁厚差小于 2 μm,表面粗糙度 Ra 达 0.057 μm,从而大大地提升了应用该超薄壁圆筒仪器仪表的精度,相应地也提升了安装该仪器仪表整机的性能。

6.5.3 智能化冲压

板料冲压从手工操作到半机械化、机械化、自动化操作,均是冲压发展到每个阶段的标志,而今板料冲压又进入了智能化阶段,因此,可以说智能化冲压是板料冲压技术发展的必然趋势。板料成形智能化研究起源于 20 世纪 80 年代初的美国,此后,日本塑性加工界也开始板料智能化研究。该项技术研究之初的十余年间,全部力量集中于弯曲回弹的成形控制,直至 1990 年该项技术的研究才扩展到筒形零件的拉深变形,进而再扩展至汽车覆盖件成形、连续模智能成形等。

所谓智能化冲压,是控制论、信息论、数理逻辑、优化理论、计算机科学与板料成形理论有机相结合而产生的综合性技术。板料智能化是冲压成形过程自动化及柔性化加工系统等新技术的更高阶段。其令人赞叹之处是能根据被加工对象的特性,利用易于监控的物理量,在线识别材料的性能参数和预测最优的工艺参数,并自动以最优的工艺参数完成板料的冲压。这就是典型的板料成形智能化控制的四要素:实时监控、在线识别、在线预测、实时控制加工。智能冲压从某种意义上说,是人们对冲压本质认识的一次革命。它避开了过去那种对冲压原理的无止境探求,转而模拟人脑来处理那些在冲压中实实在在发生的事情。它不是从基本原理出发,而是以事实和数据作为依据,来实现对过程的优化控制。

智能化控制的是最优的工艺参数,故最优的工艺参数确定是智能化控制的关键所在。所谓最优工艺参数,就是在满足各种临界条件的前提下所能够采用的最为合理的工艺参数。要实现最优的工艺参数的在线预测,就必须对成形过程的各种临界条件有明确的认识,并能够给出定量的准确描述。而定量描述的精度又决定着智能化系统的识别精度和预测精度。这就表明,系统的识别精度、预测精度和控制精度均依赖于定量描述精度的提高,故要不断予以修改、提高。同时检测精度、识别精度、预测精度和监控精度系统本身也要不断完善、提高。这样,智能化冲压才能达到应有的水平。

有关研究表明,在拉深过程的智能化控制中,最优工艺参数的预测最终归结为压边力变化规律的确定,而压边力的控制又基于压边力的预测研究。预测拉深成形压边力的传统方法主要有两种:实验法和理论计算法。近年来又把人工神经网络和模糊理论等人工智能理论引入压边力最佳控制曲线的预测研究中,目前变压边力控制技术已成为学术界和工业界的一个研究热点。而压边力变化规律的理论依据就是确定起皱或破裂的临界条件,可见拉深中法兰起皱和破裂的临界条件的正确确定不可不重视。进一步研究还表明,对锥形件拉深而言,法兰起皱区几乎被侧壁起皱区所包围,即克服了侧壁起皱同时也就克服了法兰起皱。因此,对锥形件拉深来说,其主要矛盾集中于工件破裂和侧壁起皱。故其压边力大小范围要控制在侧壁不起皱(最小极限)和侧壁不破裂(最大极限)之间。

6.5.4　气液增压式冲压技术

冲压加工是汽车工业广泛采用的一种生产加工方式。20 世纪初期开始使用的机械式冲床和 20 世纪中期投入使用的建立在液压技术基础之上的油压机,作为传统的冲压加工设备,在技术性能、加工质量保证和可靠性以及运转经济性方面已越来越不能适应现代汽车工业大规模大批量自动化生产的需求。针对现代汽车工业生产对冲压加工越来越高的要求,德国 TOX 冲压技术有限公司在 20 世纪 70 年代率先成功地开发出了新一代冲压技术及冲压加工设备,即气液增压式冲压技术及其设备。

1. 原理

气液增压冲压技术及其设备的核心是气液增力缸。它是一个内置液压油系统的气增油压的冲压动力装置,只需 2～6 bar(1 bar $= 10^5$ Pa)压缩空气驱动,即可产生 2～2 000 kN 的冲压力。在 TOX 冲压设备中,就是此高可靠性的集成组合,取代了传统冲压设备的繁杂动力驱动系统和庞大的装机功率。而在运动特性方面,TOX 气液增力缸又以专利的三行程冲压循环彻底改变了传统冲压设备二冲程冲压循环带来的诸多弊端,为这一新的冲压技术奠定了先进的运动学基础。

TOX 每一冲压循环均由快进行程、力行程、返回行程三个行程段构成。在快进行程,由前部的快进气缸纯气动驱动上模具快速小力运动,直至在某一位置碰到工件。上模具接触工件后,由工件外阻控制气液增力缸自动开始气液增压的力行程,全力驱动上模具实施冲压加工。完成冲压加工后,转换主控阀,纯气动驱动上模具返回至静止状态,完成返回行程,并进行下一个工作循环准备。

2. 先进的技术性能

TOX 的三行程气液增压冲压技术及其设备为工业界的冲压加工,尤其是汽车工业的冲压加工,带来了全新的冲压概念和冲压实践。在快进行程,仅由气液增力缸前部气缸驱动上模具快速小力接触工件,其接触力极小,最大约为额定冲压力的 1%～5%,由此实现了冲压行业一直在追求的"软到位"冲压加工。"软到位"冲压技术带来的无冲击振动和噪声的温顺的冲压加工,一方面极大地提高了冲压加工质量,解决了传统冲击式冲压设备无法解决的冲压加工难题,比如打印字号、精密压装、深拉伸加工等;另一方面还保护了冲压模具,降低了冲压模具的设计制造难度,极大地延长了模具的寿命。此外,"软到位"冲压技术还简化了对设备安装基础的要求,TOX 冲压设备可安装于楼上车间工作,或安装于导轨上或机器人手臂上,实现移动式全自动冲压加工,大大降低了专用组合冲压工作站或全自动压力加工生产线的设计制造难度,提高了设备运转的可靠性。

6.5.5　绿色冲压

环境与资源是当今世界发展必须要解决好的两个重大课题。为确保人类社会文明与经济发展的可持续性,人们提出绿色制造。所谓绿色制造,是指在满足产品功能、质量和成本要求的前提下,系统考虑从产品设计、制造、包装、运输、使用到报废处理的整个生命周期,力求在每个环节中对环境的负面影响最小,资源利用率最高。绿色制造是一个综合考虑环境影响与资源效率的现代制造模式,而绿色冲压亦是如此,实质上就是人类可持续发展战略在现代冲压中的具体体现。它应包括在模具设计、制造、维修及生产应用等各个方面。

1. 绿色设计

所谓绿色设计即在模具设计阶段就将环境保护和减小资源消耗等措施纳入产品设计中,将可拆卸性、可回收性、可制造性等作为设计目标并行考虑并保证产品功能、质量寿命和经济性。例如在小批量多品种生产中可采用通用模架、组合模具结构,从而达到一模多用,甚至采用一形两面凸模(见图6-18)、一模多形凹模(见图6-19)等方法,以减少模具数量,节省材料。

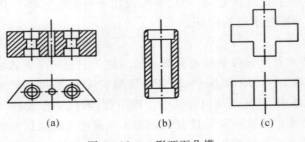

图6-18　一形两面凸模

图6-18(a)为45°切角凸模,图6-18(b)为拉深凸模,图6-18(c)为弯曲凸模,其特点都是一面磨损了,调换一面可再使用。

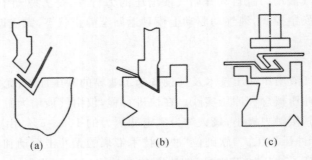

图6-19　一模多形凹模

图6-19为冲压扣接模具,三个凸模共用一个凹模,其凹模制成一模多用形状,这样可以大大减少材料与能量的消耗,对环境非常有利。

随着模具工业的发展,对金属板料成形质量和模具设计效率的要求越来越高,传统的基于经验的设计方法已无法适应现代工业的发展。近年来,用有限元法对板料成形过程进行计算机数值模拟,是模具设计领域的一场革命。用计算机数值模拟能获得成形过程中工件的位移、应力和应变分布。通过观察位移后工件变形形状能预测可能发生的起皱;根据离散点上的主应变值在板料成形极限曲线上的位置或利用损伤力学模型进行分析,可以预测成形过程中可能发生的破裂;将工件所受外力或被切除部分的约束力解除,可对回弹过程进行仿真,得到工件回弹后的形状和残余应力的分布。这一切为优化冲压工艺和模具设计提供了科学依据,帮助实现真正意义上的绿色模具设计。

2. 绿色制造

在模具制造中,应采用绿色制造。现在有一种激光再制造技术,它是以适当的合金粉末为材料,在具有零件原形 CAD/CAM 软件支持下,采用计算机控制激光头修复模具。具体过程是当送粉机和加工机床按指定空间轨迹运动时,光束辐射与粉末输送同步,使修复部位逐步熔敷,最后生成与原形零件近似的三维体,且其性能可以达到甚至超过原基材水平,这种方法在冲模修复尤其是在覆盖件冲模修复中用途最广。由于该技术不以消耗大量自然资源为目标,故称之为绿色制造。

此外,在冲压生产中应尽量减少冲压工艺废料及结构废料,最大限度地利用材料和最低限度地产生废弃物。减少工艺废料,就是通过优化排样来解决,例如采用对排、交叉排样等方法,还可以采用少无废料排样方法,以大幅度提高材料利用率。所谓优化排样就是要解决两个问题:一是如何将它表示成数学模型;二是如何根据数学模型尽快求出最优解,其关键就是算法问题。现代优化技术已发展到智能优化算法,其中主要包括人工神经网络、遗传算法、模拟退火、禁忌搜索等。可以相信优化排样将会有一个突破性进展,对结构废料多的工件可采用套裁方法,从而能达到废物利用,变废为宝。此外,通过改变产品结构的方法来加以解决也不是完全不可能的。对于套裁,为人所熟知的有大垫片套裁中垫片,中垫片再套裁小垫片等。

世界科技飞速发展,将我国模具工业推进到一个崭新阶段,我们有理由相信冲压加工前景无限美好。

6.6　任务:凹坑形式电器零件胀形模具设计

胀形出图 6-20 所示的凹坑形式的零件。该材料为 08F 钢,板料厚度 $t=1.0$ mm,许用延伸率为 32%,$\sigma_b=380$ MPa,手工送料,大批量生产,标注公差 IT14,无起皱,无裂纹。

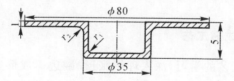

图 6-20　凹坑形式的零件

6.6.1　任务的要求

根据以上图形资料设计一套凹坑形式的零件的胀形模具,要求完成:

1)模具装配图 1 张(A1)。

2)主要工作零件的零件图 4~5 张(A3~A4)。

3)设计计算说明书 1 份。

6.6.2　任务的实施

1)按小组分配,每小组五名学生,分别完成不同任务,最终汇总完成所有任务。

2)任务分配:

任务 1:凹坑形式电器零件胀形工艺性分析(由小组成员共同完成)。

任务 2:凹坑形式电器零件胀形工艺方案的确定(由小组指定一名成员完成)。

任务3：胀形工艺计算（由小组指定一名成员完成）。

任务4：胀形工序尺寸计算（由小组指定一名成员完成）。

任务5：胀形力、侧壁力的计算（由小组指定一名成员完成）。

任务6：压力机的选择（由小组指定一名成员完成）。

任务7：胀形凸、凹模的设计（由小组成员分工完成）。

任务8：模具其他零部件的设计（由小组成员分工完成）。

任务9：模具装配图、零件图及说明书的绘制与书写（由小组成员分工完成）。

6.6.3 任务阶段汇报

本任务按任务分工分成四个阶段完成，每完成一个阶段都要在课堂上就任务完成的情况进行汇报，给出相应的评价意见。

具体阶段如下：

第一阶段，每小组对产品进行工艺性分析，确定合理工艺方案进行汇报。

第二阶段，每小组对完成相关计算的情况（包括胀形工艺计算、胀形工序尺寸计算、胀形力计算、侧壁力计算与压力机的选择）进行汇报。

第三阶段，每小组对完成模具零部件设计的情况（包括凸、凹模零部件结构形式的确定及其计算、模具其他零部件的设计）进行汇报。

第四阶段，每小组对模具总装草图、正式装配图及模具零件图的绘制，设计说明书的情况进行汇报。

6.7 讨论与大作业

6.7.1 讨论其他冲压成形工艺

通过对其他冲压成形工艺的学习，深入理解胀形、翻边等成形工艺的特点，以及冲压加工新技术的内容，通过课堂讨论来验证学生学习的效果。讨论题目如下：

1）其他冲压成形工艺与拉深成形工艺的区别是什么？

2）平板零件的胀形有哪些作用，空心件胀形的工艺尺寸如何计算？

3）影响孔极限翻边系数大小的因素有哪些？

4）复合冲压适合用于生产加工什么样的工件？

6.7.2 大作业

如图6-21所示的零件，材料为10钢，板料厚度t为1.5 mm，凸缘直径为70 mm。

请判断该零件能否冲底孔翻边成形，并计算底孔的冲孔直径以及翻边凸、凹模工作部分的尺寸。

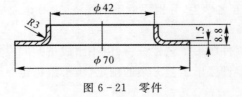

图6-21 零件

第7章 冲压工艺规程的制定

本章从冲压工艺规程制定出发,系统地介绍冲压工艺规程制定的程序与步骤,主要内容包括冲压件的工艺性分析、冲压件的工艺方案的确定、冲压模具结构形式的确定、冲压设备的选用、冲压工艺卡的编写。为强化学生学习的效果,掌握实际应用的本领,通过冲压工艺规程制定的任务及作业等内容,训练学生冲压工艺规程制定的思路和方法。

知识目标:

1)了解制订冲压工艺规程所需的原始资料;

2)掌握冲压工艺规程制订的程序和步骤。

能力目标:

1)能够针对制件进行冲压工艺性分析;

2)能够编制出合理的冲压工艺规程。

7.1 冲压工艺规程制定的基本步骤

冲压工艺规程制定的基本步骤如下:

1)明确设计任务。

2)熟悉原始资料。

3)进行冲压件的工艺性分析。

4)确定冲压件的成形工艺最佳方案:

(a)工序性质的确定。

(b)工序数目的确定。

(c)工序顺序的安排。

(d)工序件/半成品件的形状与尺寸的确定。

5)确定冲压模具的结构形式。

6)选择冲压设备。

7)完成工艺计算:

(a)坯料尺寸计算。

(b)排样和裁板方案确定。

(c)冲压力计算。

8)编写工艺卡。

7.2 冲压件工艺规程的制定及实例分析

7.2.1 托架制件工艺规程的制定

如图 7-1 所示制件,材料为 08 钢,料厚为 3 mm,中批量生产,要求表面无划痕,孔不允许严重变形。根据托架制件的材料、结构特点、尺寸精度要求以及生产批量,按照现有设备和生产能力,制定出经济合理、技术上切实可行的冲压加工工艺规程。

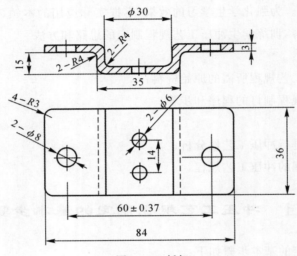

图 7-1 托架

冲压工艺规程是冲压件各加工工序的总和。加工工序不仅包括冲压所用到的冲压加工基本工序(如冲裁、弯曲、拉深等),而且包括基本工序之前的准备工序(如材料的准备、基本工序之间的辅助工序如退火、酸洗、表面处理等),对于某些组合的冲压件或精度要求高的冲压件,基本工序之后还需经过切削加工、焊接或铆接等加工。

冲压工艺规程制定的任务就是根据生产条件,对这些工序的先后次序做出合理安排(协调组合),其基本要求是技术上可行,经济上合算,还要操作方便、安全。冲压工艺规程的优劣,决定了冲压件的质量和成本,所以,冲压工艺规程的制定是一项十分重要的工作。

7.2.2 熟悉原始资料

首先需要熟悉原始资料,透彻地了解产品的各种要求,为以后的冲压工艺设计提供充分的依据。原始资料主要包括以下各项:

1)生产任务书或产品图纸及其技术要求;

2)原材料地尺寸规格、牌号及其冲压性能;

3)生产批量;

4)生产单位可供选择的冲压设备型号、技术参数及其使用说明书;

5)模具加工、装配的能力与技术水平;

6)各种技术标准与技术资料;

7)模具原材料的供货状态和供货成本。

7.2.3 冲压件的工艺性分析

冲压件的工艺性分析就是依据产品图纸,对冲压件的形状、尺寸、精度要求、材料性能进行分析:

1)列举该产品需要的所有的冲压加工工序,确定各中间半成品的形状和尺寸由哪道工序完成。

2)依据各类冲压加工的工艺要求,逐个分析上述各冲压加工工序的难易程度,确定是否采用特殊工艺措施或辅助措施。

1.托架制件的工艺性分析

该制件是一个简单的支撑托架。通过孔 $\phi6$ mm、$\phi8$ mm 分别与心轴和机身相连。零件工作时受力不大,对强度、刚度和精度要求不高,零件形状简单对称,中批量生产,由冲裁和弯曲即可成形。冲压难点在于四角弯曲回弹较大,制件变形较大,但通过模具可以控制。

2.托架制件的具体冲压工艺性分析

冲压件的工艺性分析,主要是分析冲压件的结构设计是否合理或便于加工,并从几种可行的加工方案中选出最经济、最合理的方案的过程。有不少冲压件,在保证性能、装配等要求的前提下,往往只需改动一两个尺寸,或局部稍微变动一下,其工艺性、经济性便大为改善,不仅对提高冲压件的质量有益,而且还能提高材料利用率,减少工序数,简化模具的设计制造,缩短设计制造周期,降低零件成本。

托架制件具体的冲压工艺性分析见表 7-1。

表 7-1 托架冲压件工艺性分析 单位:mm

工艺性质		冲压件工艺项目	工艺性允许值	工艺性评价
冲裁工艺性	形状	落料外形 36×102,冲孔 $\phi6,\phi8$	≥0.75	符合工艺性
	落料圆角	R3	≥4.5	符合工艺性
	孔径	2 个,$\phi8$	≥3	符合工艺性
	孔边距	最小孔边距		符合工艺性
弯曲工艺性	形状	U 形件,四角弯曲,对称		符合工艺性
	弯曲半径	R4	≥1.2	符合工艺性
	弯曲高度	弯曲外角 20° 弯曲内角 8°	≥6 ≥6	符合工艺性
	孔边距	$\phi6$ 的孔边距 8 $\phi8$ 的孔边距 4	≥6 ≥6	$\phi8$ 的边孔距为 4,距弯曲区较近,易使孔变形、故先弯曲后冲孔

续 表

工艺性质		冲压件工艺项目	工艺性允许值	工艺性评价
弯曲工艺性	精度	2 - ϕ8 孔距 60±0.37 为 IT9	允许尺寸公差 60 ±1.2	符合工艺性为保证孔距 60±0.37,应弯曲后冲 2 - ϕ8
	材料	08 钢	常用材料范围	冲压工艺性好

7.2.4　冲压件的经济性及创新性工艺设计

对孔位精度较高的弯曲件,工艺上一般不采用弯曲前一次将孔全部冲出的方法。这是因为,冲压件在弯曲过程中,由于料厚误差、模具间隙等因素的影响,会造成冲件弯曲回弹不一致,从而使孔位精度达不到图样要求。

为保证孔位精度,对于图 7-1 的冲压件,工艺上常采用先冲 2 个 ϕ6 mm 的孔,弯曲后以 2 个 ϕ6 mm 的孔定位,再冲 2 个 ϕ8 mm 的孔的工艺方法来保证 2 个 ϕ8 mm 孔的定位精度。但此方法相对于一次将孔全部冲出的工艺方法多了 1 道冲孔工序,同时还增添了 1 副模具,因而,使得冲件成本增加。如采用液压机弯曲成形的方法,虽然可以较好地控制回弹,无需将冲件孔分两次冲出,但与冲床相比,其效率较低,仅为冲床的 5%～10%,工时费用较大。显然,这两种方法的经济性都不是很好。

对冲压件的进一步分析发现,孔位设计精度之所以要求较高,是为了保证装配要求。从工艺的角度来考虑,若将 2 个 ϕ8 mm 的孔改为 2 个 ϕ8 mm×10 mm 的长圆孔,在对冲件装配毫无影响的前提下,降低了孔位精度要求,工艺性更好。因此,可以采用一次将孔全部冲出以后再弯曲的工艺方法,既降低加工工艺的复杂程度,又具有了一定的创新性,同时其经济性也大为改善,相对于孔位精度较高的工艺方法,制造成本可降低 20% 左右。

当然这种改进后的冲压件制件是在实际生产许可的前提下进行的。

7.2.5　确定冲压件的成形工艺最佳方案

列举多套冲压工序组合方案。经过对多个方案的分析比较,确定最佳工艺方案。

1. 工艺方案的分析和确定

确定工艺方案是在冲压件工艺分析之后进行的重要设计环节,在这一环节中需要做以下工作。

(1)列出冲压所需的全部单工序

根据产品图,结合工艺计算,提出冲压该产品所需的所有基本工序。

除了基本的成形工序外,有时还要根据产品的具体要求,增加一些附加工序,如:

1)平面度要求较高的工件,应增加一道校平工序。

2)当弯曲件的弯曲半径小于允许值时,则在弯曲后应增加一道整形工序。

3)当拉深件圆角半径较小或尺寸精度要求较高时,则需在拉深后增加一道或多道整形工序。

4)当工件的断面质量和尺寸精度要求较高时,可以考虑在冲裁工序后再增加整修工序或者直接采用精密冲裁工序。

5)当工件的变形次数较多时,要考虑增加中间退火工序以消除加工硬化,恢复材料的塑性,以利后续的成形。当工件对毛刺大小有要求时,要考虑增加去毛刺工序。

(2)初步安排冲压顺序

对于所列的各道加工工序,还要根据其变形性质、质量要求、操作方便性等因素,对工序的先后顺序作出安排。

安排工序先后顺序的一般原则如下:

1)对于带孔或有缺口的冲裁件,如果选用单工序模,一般先落料,再冲孔或冲缺口。若用连续模,则落料排在最后工序。

2)对于带孔的弯曲件,其冲孔工序的安排,应参照弯曲件的工艺性分析进行。

3)对于多角弯曲件,有多道弯曲工序,应从材料变形影响和弯曲时材料窜移趋势两方面考虑,安排先后弯曲的顺序。一般先弯外角,后弯内角。

4)对于带孔的拉深件,一般是先拉深、后冲孔,但当孔的位置在工件底部,孔径较小且孔径尺寸精度要求不高时,也可先冲孔、后拉深。若孔的位置在凸缘处,则一定要先拉深、后冲孔。

5)对于形状复杂的拉深件,为便于材料的变形流动,应先成形内部形状,再拉深外部形状。

6)附加的整形工序、校平工序,应安排在基本成形工序之后。

(3)工序组合

对于多工序加工的冲压件,还要根据生产批量、尺寸大小、精度要求以及模具制造水平、设备能力等多种因素,将已经初步依序而排的单工序予以必要的组合(包括复合)。

组合时,有时可能对原顺序作调整。

一般而言,厚料、低精度、小批量、大尺寸的产品宜用简单模单工序生产;薄料、小尺寸、大批量的产品宜用连续模连续生产;形位精度高的产品应用复合模加工。

对于某些特殊的或组合式的冲压件,除冲压加工外,还有其他辅助加工,如钻孔、车削、焊接、铆合、去毛刺、清理、表面处理等。对这些辅助工序,可根据具体的需要,穿插安排在冲压工序之前、之间或之后。

经过工序的顺序安排和组合,就形成工艺方案。可行的工艺方案可能有几个,必须从中选择最佳方案。

(4)确定最佳工艺方案

技术上可行的各种工艺方案有各自的优缺点,应综合考虑各方面的因素,从中确定一个最佳方案。

确定最佳方案应考虑的原则:能可靠地保证产品质量和产量;使设备利用率最高;使模具成本最低;使人力、材料消耗最少;操作安全方便。不仅要从技术上,而且还要从经济上及其他方面反复分析、比较、论证,才能选出最佳方案作为最终的工艺方案。

最终的工艺方案确定后,接下来的工作便是根据具体的工序进行详细的工艺计算。

再下一步的工作便是进行模具总体结构设计和模具的零部件设计和计算。

2.列出冲压所需的全部工序

根据冲压件的形状特征与精度等级,判断出它的主要冲压属性,如为冲裁件、弯曲件或拉伸件等。初步判定它的冲压加工性质,如落料、冲孔、弯曲、拉深、胀形等。对于弯曲或拉深,需要确定弯曲或拉深次数。

3. 工序的确定

通常,在确定工序时,可以从以下几方面考虑:

1)在一般情况下,可以从零件图上直观地确定出工序。平板件冲压加工时,常采用剪裁、落料、冲孔等工序;当工件平直度要求高时,需在最后采用校平工序进行精整。

2)当工件的断面质量和尺寸精度要求高时,需在最后增加修整工序,或用精密冲裁工艺。

3)弯曲件冲压时,常采用剪裁、落料、弯曲工序;若弯曲件上有孔,还需增加冲孔工序;当弯曲件弯曲半径小于允许值时,常需在弯曲后增加一道整形工序。

4)拉深件冲压时,常采用剪裁、落料、拉深、切边工序;当拉深件径向尺寸精度较高或圆角半径较小时,需在拉深后增加一道精整或整形工序。

在某些情况下,需进行必要的分析比较后,才能准确地确定出工序性质。有时,为了改善冲压变形条件或方便定位,往往需要增加一些辅助工序。

4. 冲压顺序和步骤安排

对于所列的各道冲压工序,根据其变形性质、质量要求、操作方便性等因素,对冲压工序的先后顺序作出安排,原则如下:

1)对于带孔或有缺口的零件,若选用单工序模,一般先落料,再冲孔或冲缺口;若选择连续模,则落料排在最后一道工序。如果工件上存在位置靠近、大小不一的两个孔,则应先冲大孔后冲小孔,以免大孔冲裁时的材料变形引起小孔的形变。

2)对于带孔的弯曲件,其冲孔一般安排在弯曲之后进行,若对孔的尺寸与形状和位置精度要求不高,可将冲孔工序安排在弯曲工序前。

3)对于带孔的拉深件,一般是先拉深、后冲孔,若孔的位置在制件底部,且孔径尺寸精度要求不高时,可先先冲孔、后拉深。

4)对于多角弯曲件,有多道弯曲工序,应从材料变形影响和弯曲时材料窜移趋势两方面安排弯曲的先后顺序,一般情况下,先弯外角,后弯内角。

5)对于形状复杂的拉深件,为了便于材料的流动,应先成形内部的形状,再拉深外部的形状。

6)附加的整形、校平等工序,应安排在基本成形之后进行。

5. 工序的组合

对于多工序加工的冲压件,还需根据生产批量、尺寸大小、精度要求、模具制造水平和设备能力等多种因素,将已经初步安排好的单冲压工序进行必要的组合。工序组合原则如下:

1)材料厚度大、精度低、小批量、大尺寸的制件宜用单工序生产,用简单模;

2)材料厚度小、小尺寸、大批量的制件宜用连续模生产;

3)形状与位置精度要求高的制件宜用复合模生产。

6. 托架工艺方案的分析和确定

从零件的结构形状可知,零件所需的冲压基本工序为落料、冲孔、弯曲。根据零件特点和工艺要求,可能有的冲压工艺方案有:

方案一:冲 $2-\phi6$ mm 孔和落料复合→弯曲两外角→弯曲两内角→冲 $2-\phi8$ mm 孔。

方案二:冲 $2-\phi6$ mm 孔和落料复合→弯曲两外角预弯内角→弯曲两内角冲→$2-\phi8$ mm 孔(复合模)。

方案三:冲 $2-\phi6$ mm 孔和落料复合→弯曲四角→冲 $2-\phi8$ mm 孔。

方案四:冲 2 - ϕ6 mm 孔和落料复合→两次弯曲四角(复合模)→冲 2 - ϕ8 mm 孔。

方案五:冲 2 - ϕ6 mm、冲 2 - ϕ8 mm 孔和落料复合→两次弯曲四角(复合模)。

方案六:工序合并,采用带料级进冲压。

7. 托架工艺方案性能比较

各种冲压工艺方案的适用性分析见表 7 - 2。

表 7 - 2 冲压工艺方案的适用性分析

项 目	方案一	方案二	方案三	方案四	方案五	方案六
模具结构	简单	较复杂	较复杂	结构复杂	结构复杂	结构复杂
模具寿命	—	弯曲摩擦大,寿命低	寿命长	—	—	—
冲件质量	有弹性,可以控制,形状尺寸精度较低	四角分开弯曲,回弹不大容易控制,划痕严重	预压内角回弹小,形状尺寸精度较好;表面质量好	有回弹,可以控制	有回弹,可以控制	有回弹,可以控制,表面质量较好
模具数量	4 套	3 套	4 套	3 套	2 套	1 套
生产效率	低	较高	低	较高	高	较高

考虑零件精度不高,批量不大,回弹对其影响不大,可采用校正弯曲控制回弹,故选定方案四。

7.2.6 确定冲压模具的结构形式

按照工艺方案,确定各道模具的结构类型,如单工序模、复合模和连续模等。工艺方案确定后,选择模具类型时,需综合考虑生产批量、设备、模具制造等情况,选用简易模、单工序模、复合模或连续模。一般来说,简易模寿命低、成本低,通常适用于试制、小批量生产。对于大批量、精度要求较高的冲压件,应用复合模或连续模。当冲压件尺寸较大时,为便于制造模具和简化模具结构,应采用单工序模具。当冲压件尺寸小且性质复杂时,为便于操作,常用复合模或连续模。

7.2.7 选择冲压设备

根据工艺计算模具空间尺寸,结合生产单位的现有设备条件和设备负荷,合理地选择各道冲压工序所使用的设备。

7.2.8 完成工艺计算

工艺方案确定后,对各道冲压工序进行相应的工艺计算,其内容主要包括:排样及计算材料利用率,计算冲压力和冲压功等。

1. 坯料尺寸计算

制件如图 7-1 所示,坯料展开尺寸计算如下:

坯料总尺寸 $L = 2L_1 + 2L_2 + L_3 + 4L_4 = (2×20 + 2×4 + 22 + 4×8)$ mm $= 102$ mm。

2.排样和裁板方案

坯料形状为矩形,采用单排最适宜。取搭边 $a=2.8$ mm,$a_1=2.4$ mm。

条料宽度为 $B=(102+2\times2.8)$ mm$=107.6$ mm。

步距为 $s=(36+2.4)$ mm$=38.48$ mm。

板料选用规格为 3 mm(厚度)×900 mm(宽度)×2 000 mm(长度)。

(1)采用纵裁法

每板条料数 $n_1=(900/107.6)$ 条$=8$ 条,余 39.2 mm(剩余的宽度)。

每条制件数 $n_2=[(2\,000-2.8)/38.4]$ 件$=52$ 件。

39.2 mm(宽度)×2 000 mm(长度)余料利用件数 $n_3=(2\,000/107.6)$ 件$=18$ 件,余 63.2 mm(剩余的宽度)。

每板制件数 $n=n_1\times n_2+n_3=(8\times52+18)$ 件$=434$ 件

材料利用率 $\eta=434\times(36\times102-2\pi\times6^2-2\pi\times8^2)/(900\times2\,000)=88.54\%$。

(2)采用横裁法

每板条料数 $n_1=(2\,000/107.6)$ 条$=18$ 条,余 63.2 mm。

每条制件数 $n_2=[(900-2.8)/38.4]$ 件$=23$ 件,余 14 mm。

63.2 mm×900 mm 余料利用件数 $n_3=(900/107.6)$ 件$=8$ 件。

每板制件数 $n=n_1\times n_2+n_3=(18\times23+8)$ 件$=422$ 件。

材料利用率 $\eta=422\times(36\times102-2\pi\times6^2-2\pi\times8^2)/(900\times2\,000)=86.09\%$。

由此可见,纵排材料利用率高,但横排时弯曲线与纤维方向垂直,弯曲性能好。08 钢塑性好,为提高效率,降低成本,选用纵向单排。

3.冲压力计算

(1)工序 1(落料冲孔复合工序)

冲裁力 $F=1.3Lt\tau=[1.3\times(2\times36+2\times02+2\times6\pi)\times3\times260]$ N$=31\,8071$ N。

卸料力 $F_{卸}=K_{卸}\times F=0.05\times318\,071$ N$=15\,903$ N。

推件力 $F_{推}=nk_{推}\times F=3\times0.055\times318\,071$ N$=52\,490$ N。

冲压总力 $F_{总}=F+F_{卸}+F_{推}=(300\,995+12\,039+40\,634)$ N$=386\,465$ N。

通过计算分析,选用 400 kN 的冲床。

(2)弯曲工序

由二次弯曲,按 U 形件弯曲计算。

自由弯曲力 $F_{自}=0.7kbt^2\times\sigma_b/(r+t)=[0.7\times1.3\times36\times32\times338/(4+3)]$ N$=14\,236$ N。

校正弯曲力 $F_{校}=Ap=[(84\times36)\times80]$ N$=241\,920$ N。

为安全可靠,将二次弯曲的自由弯曲力 $F_{自}$ 和 $F_{校}$ 合在一起,即冲压总力为

$$F_{总}=F_{自}+F_{校}=(14\,236+241\,920)\text{ N}=256\,156\text{ N}$$

通过计算分析,选用 400 kN 的冲床。

7.2.9 编写工艺卡

冲压工艺规程制定的最终目标是编制出冲压工艺卡,它是针对具体冲压产品,对其生产方式、方法、数量、质量等作出的全部决定和记载,其内容主要包括工序名称、工序内容、工序说明(工序件/半成品形状和尺寸)、模具类型、选用设备、检验要求等。设计计算说明书应简明而全

面地记录各工序设计的概况,主要包括以下方面:

　　1)冲压工艺性分析及结论;

　　2)工艺方案的分析与对比以及最后确认的最佳工艺方案;

　　3)各项工艺计算结果,如毛坯尺寸、排样方式与材料利用率、半成品尺寸、模具工作部分尺寸计算、冲压力与功、模具设备选择依据与结论等。

　　应该说明的是,上述各项内容难免互相联系、互相制约,因而各设计步骤应兼顾和前后呼应,有时要互相穿插进行。

　　依据上述分析与计算,将结果填入冲件工艺卡。工艺卡见表 7-3。

表 7-3　托架冲压工艺卡片

(厂名)	冲压工艺卡	产品型号		零部件名称		托架		共页
		产品名称		零部件型号				第页

材料牌号及规格	材料技术要求	坯料尺寸	每个坯料可制零件数	毛坯重量辅助材料	辅助材料
08 钢 (3±0.11)×900×2 000		条料 3×107.6×2 000	52 件		

工序号	工序名称	工序内容	加工简图	设备参数	工艺装备	工时
0	下料	剪板 108×2 000				
1	冲孔落料	冲 2-ϕ6 孔和落料复合	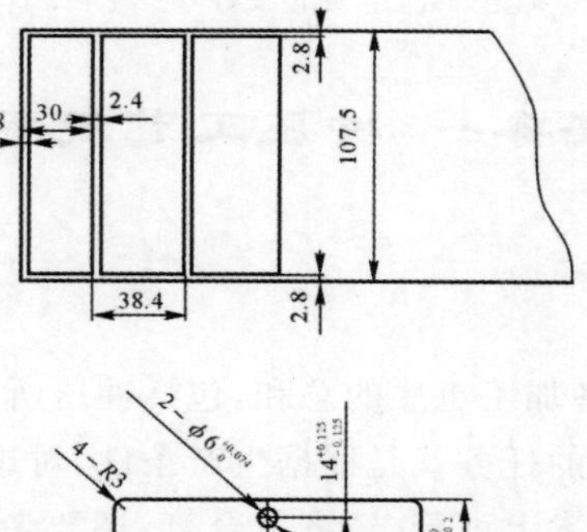	400 kN	落料冲孔复合模	
2	弯曲校正	先弯外后弯内并校正	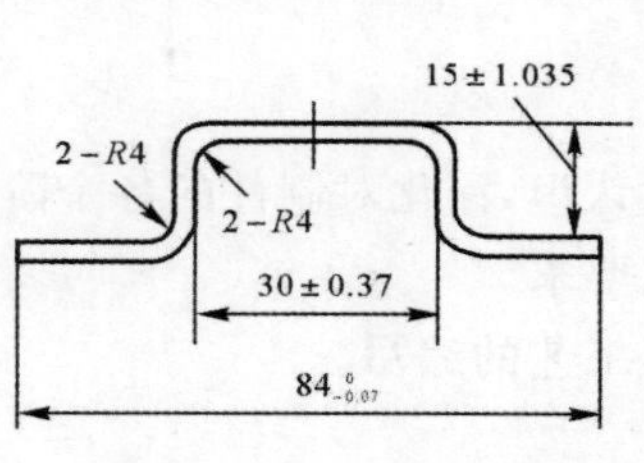	400 kN	二次弯曲模	

续 表

(厂名)	冲压工艺卡	产品型号		零部件名称	托架	共页
		产品名称		零部件型号		第页

材料牌号及规格	材料技术要求	坯料尺寸	每个坯料可制零件数	毛坯重量辅助材料	辅助材料
08 钢 (3±0.11)×900×2 000		条料 3×107.6×2 000	52 件		

工序号	工序名称	工序内容	加工简图	设备参数	工艺装备	工时
3	冲孔	冲 2-φ8 孔		100 kN	冲孔模	
4	检验	按零件 图样检验				

绘制(日期)　审核(日期)　会签(日期)

标记　处数　更改文件号　签字　日期　标记　处数　更改文件号　签字　日期

7.3　任务一：冲压工艺规程制定认知

7.3.1　任务的引入

冲压工艺规程是冲压件各加工工序的总和,包括冲压所用到的冲压加工基本工序如冲裁、弯曲、拉深等。制定工艺规程的任务就是根据生产条件,对这些工序的先后次序做出合理安排(协调组合),其基本要求是技术上可行、经济上合算,还要考虑操作方便与安全。冲压工艺过程的优劣,决定了冲压件的质量和成本,所以,冲压工艺规程制定是一项十分重要的工作。

7.3.2　任务的计划

1.读识任务

1)建立冲压工件工艺的感性认识,深化对制件的各个阶段成形规律与机理的理解。

2)掌握各个阶段的成形工艺要求。

3)学习并掌握冲压制件成形工艺的编写。

2.必备知识

冲压件的工艺性分析,指列举该产品需要的所有的冲压加工工序,确定各中间半成品的形状和尺寸由哪道工序完成。依据各类冲压加工的工艺要求,逐个分析上述各冲压加工工序的难易程度,确定是否采用特殊工艺措施或辅助措施。工艺方案确定后,选择模具类型时,需综合考虑生产批量、设备、模具制造等情况,选用简易模、单工序模、复合模或连续模。根据工艺计算模具空间尺寸,结合生产单位的现有设备条件和设备负荷,合理地选择各道冲压工序所使用的设备。工艺卡将工艺方案及各工序的模具类型、冲压设备等以表格的形式记录下来。

3. 材料的准备

冲压件零件托架,材料为 08 钢,料厚为 0.9 mm。

1)制件分析。

2)工艺分析及工艺方案确定。

7.3.3　任务的实施

1)熟悉原始资料,产品图及技术条件,原材料的尺寸规格、冲压性能,生产批量,可提供的冲压设备及相关参数,可提供的模具制造能力及技术。

2)确定冲压件工艺分析及工艺方案。

3)进行相关的计算,并查阅资料及手册。

4)根据现有模具制造技术水平和经济条件,选择模具结构形式及冲压设备。

5)制作工艺卡并编写完成。

7.3.4　任务的思考

1)合理的冲压工艺规程应能满足哪些要求?

2)安排冲压件的工序顺序时应遵循哪些原则?

7.3.5　总结和评价

针对不同冲压件进行冲压件工艺性分析,列举该冲压件需要的所有的冲压加工工序,确定最终工艺方案,引导学生分组讨论各种工艺方案的优缺点,并进行总结和相互评价,教师在适当情况下进行点评。

7.4　任务二：长方形拉深件冲压工艺过程方案编制

制件如图 7-2 所示,材料为 08 钢,料厚为 0.9 mm,精度为 IT14 级,形状简单,尺寸也不大,大批量生产,属普通冲压件。

7.4.1　任务的要求

根据以上图形资料设计编写其制件的冲压工艺规程,要求完成：

1)制件分析。

2)相关资料查询及计算。

3)相关设备选用。

4)编写工艺规程。

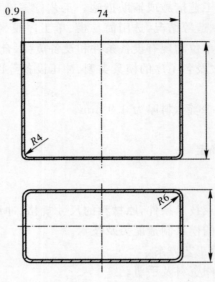

图 7-2　长方形拉深件

7.4.2　任务的实施

1)按小组分配,每小组五名学生,分别完成不同任务,最终汇总完成所有设计任务。
2)任务分配:
任务 1:熟悉原始材料及制件的工艺性分析(由小组成员共同完成)。
任务 2:制件的工艺方案的确定(由小组指定一名成员完成)。
任务 3:工艺计算(由小组指定一名成员完成)。
任务 4:选择模具类型及结构形式及冲压设备(由小组指定一名成员完成)。
任务 5:编写工艺过程卡(由小组指定一名成员完成)。

7.4.3　任务阶段汇报

本项目按任务分工分成三个阶段完成,每完成一个阶段都要在课堂上就任务完成的情况进行汇报,给出相应成绩和评价。
具体阶段如下:
第一阶段,每小组对产品进行工艺性分析,确定合理工艺方案进行汇报。
第二阶段,每小组对完成相关计算的情况(包括坯料总尺寸计算、排样计算、利用率计算、冲裁力、卸料力计算、冲压总力计算、推件力计算及弯曲计算与压力机的选择)进行汇报。
第三阶段,每小组对编写好的工艺规程卡、设计的情况进行汇报。

7.5　讨论与大作业

7.5.1　讨论

通过对冲压工艺规程的学习,深入理解冲压件的工艺性分析、冲压件的工艺方案的确定、冲压模具结构形式的确定、冲压设备的选用、冲压工艺卡的编写等内容要点,通过课堂讨论来验证学生学习的效果。讨论题目如下：

1）制定合理可行的冲压工艺规程对冲压模具的设计有什么意义？

2）冲压件工艺性分析对制定冲压工艺规程有什么作用？

3）确定冲压工艺规程时，工序的性质、数目与顺序的原则是什么？

4）确定冲压模具的结构形式的原则是什么？ 举例说明。

7.5.2　大作业

对图 7-3 所示的冲压件，试确定该制件的工艺方案。材料为 08 钢，板料厚度为 1.5 mm，年产量为 2 万件，表面不允许有明显的划痕，无冲压毛刺，孔不允许变形。

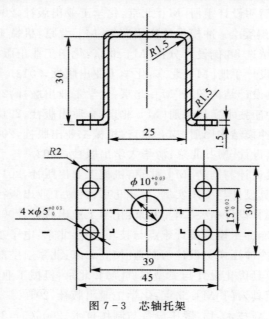

图 7-3　芯轴托架

参 考 文 献

[1]　王鹏驹,成虹. 冲压模具设计师手册[M].北京:机械工业出版社,2008.
[2]　薛啟翔. 冲压模具与制造[M].北京:化学工业出版社,2004.
[3]　陈炎嗣. 冲压模具实用结构图册[M].北京:机械工业出版社,2009.
[4]　杨占尧. 最新冲压模具标准及应用手册[M].北京:化学工业出版社,2010.
[5]　姜银方,袁国定. 冲压模具工程师手册[M].北京:机械工业出版社,2011.
[6]　郝滨海. 冲压模具简明设计手册[M].北京:化学工业出版社,2005.
[7]　模具实用技术丛书编委会. 冲模设计应用实例[M].北京:机械工业出版社,2000.
[8]　钟翔山. 冲压模具精选 88 例设计分析[M].北京:化学工业出版社,2010.
[9]　陈炎嗣. 冲压模具设计手册[M].北京:化学工业出版社,2013.
[10]　薛啟翔. 冲压模具设计结构图册[M].北京:化学工业出版社,2005.
[11]　钟翔山. 冲模及冲压技术实用手册[M].北京:金盾出版社,2015.
[12]　王新华,袁联富. 冲模结构图册[M].北京:机械工业出版社,2003.
[13]　李双义. 冷冲模具设计[M].北京:清华大学出版社,2002.
[14]　范乃连. 冷冲模具设计与制造[M].北京:机械工业出版社,2013.
[15]　郑展,等. 冷冲模具设计与应用实例[M].北京:机械工业出版社,2012.
[16]　周本凯. 冷冲压模具设计精要[M].北京:化学工业出版社,2009.
[17]　刘占军,高铁军. 冷冲压模具设计难点与技巧[M].北京:电子工业出版社,2010.
[18]　王秀凤,万良辉. 冷冲压模具设计与制造[M].北京:北京航空航天大学出版社,2005.
[19]　周本凯. 冷冲压模具优化设计与典型案例[M].北京:机械工业出版社,2010.
[20]　周本凯. 冷冲压模具入门[M].北京:化学工业出版社,2010.
[21]　胡建国. 冲压加工新技术[J].锻压设备与制作技术,2006(5):25-26.
[22]　李勇.TOX 气液增压式冲压技术及设备介绍[J].机械工程师,2003(3):50-51.
[23]　付宏生. 冷冲压成形工艺与模具设计制造[M].北京:化学工业出版社,2005.
[24]　李云妹.冲压模具的绿色制造[J].机电技术,2018(4):108-110.
[25]　刘靖岩. 冷冲压工艺与模具设计[M].北京:中国轻工业出版社,2006.
[26]　胡兆国. 冷冲压工艺及模具设计[M].北京:北京理工大学出版社,2009.
[27]　陈炎嗣. 多工位连续模设计手册[M].北京:化学工业出版社,2012.
[28]　姜伯军. 级进冲模设计与模具结构实例[M].北京:机械工业出版社,2008.
[29]　贝克. 职业教育教与学过程[M].徐国庆,译.北京:外语教学与研究出版社,2011.
[30]　刘君义. 电机与电器专业教学法[M].北京:电子工业出版社,2012.
[31]　朱宏. 电子技术应用专业教学法[M].北京:高等教育出版社,2012.
[32]　翁其金. 冲压工艺及冲模设计[M].北京:机械工业出版社,2014.
[33]　宇海英. 冲压工艺与模具设计[M].北京:电子工业出版社,2011.